海錯圖

·譯注·

贰

〔清〕聂璜——著

刘斌——译注

天津出版传媒集团

天津人民出版社

贰

而外嗟爾降青

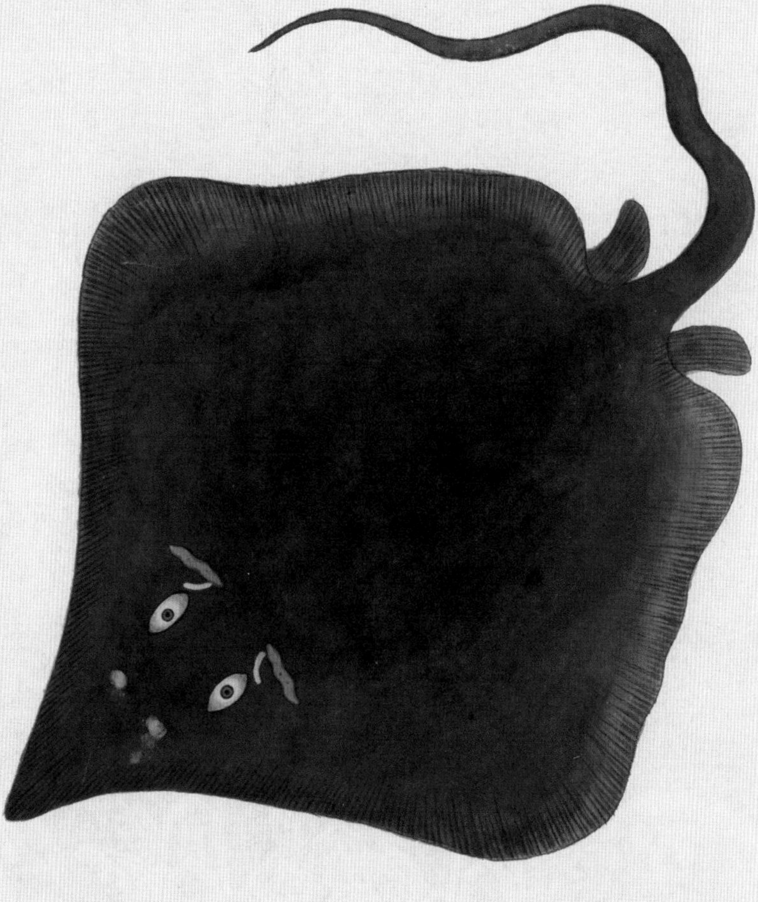

錦魟背有黃點斑駁如
織錦福寧州志有錦魟

錦魟贊

金吾不禁刀斗無聲
魟飛月下衣錦夜行

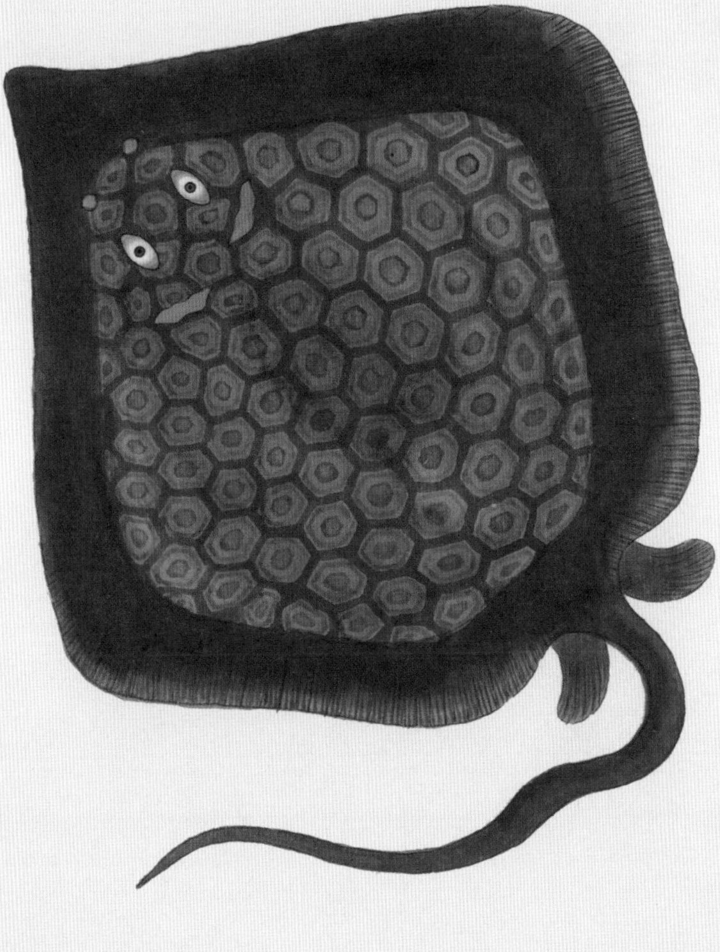

锦魟、青魟

锦魟赞：金吾不禁，刁斗无声。魟飞月下，衣锦夜行。

青魟赞：诸魟服色，惟锦最新。黄绿而外，嗟尔降青。

锦魟，背有黄点，斑驳如织锦。《福宁州志》有“锦魟”。

| 译文 |

锦魟，背部有黄色斑点，图案斑驳，像织锦一样。《福宁州志》中记有“锦魟”。

黄　魟

黄魟赞：普陀南岸，莲花有洋。经霜荷叶，到处飘黄。

黄魟，色黄。其味甚美，青魟之所不及也。尾亦有刺，螫[1]人最毒。海人所谓“黄魟魟尾上针”，正指此也。外方人以为“黄蜂尾上针[2]”，误矣。

[1] 螫（shì）：蜇。蜂、蝎等有毒腺的虫子用尾部的毒刺刺人。[2] 黄蜂尾上针：一作“黄蜂尾后针”，常放在“青竹蛇儿口”之后，是古人习语，《封神演义》《水浒后传》等文学作品中都有使用。本书“黄魟尾上针”之说可备一家之言，但未必确实。（译文依《海错图》原文文意。）

｜译文｜

黄魟，身体呈黄色。它的味道很鲜美，青魟远不及它。它的尾部也有刺，蜇人最毒。海边生活的人所说的“黄魟尾上针”，指的就是黄魟尾部有毒刺。外地人认为这句话应该是“黄蜂尾上针”，这是错误的。

黄魟色黄其味甚美青魟之所不及也尾亦有刺螫人最毒海人所謂黄魟尾上針正指此也外方人以爲黄蜂尾上針誤矣

黄魟贊

普陀南岸
蓮花有洋
經霜荷葉
到處飄黄

乾隆御覽之寶

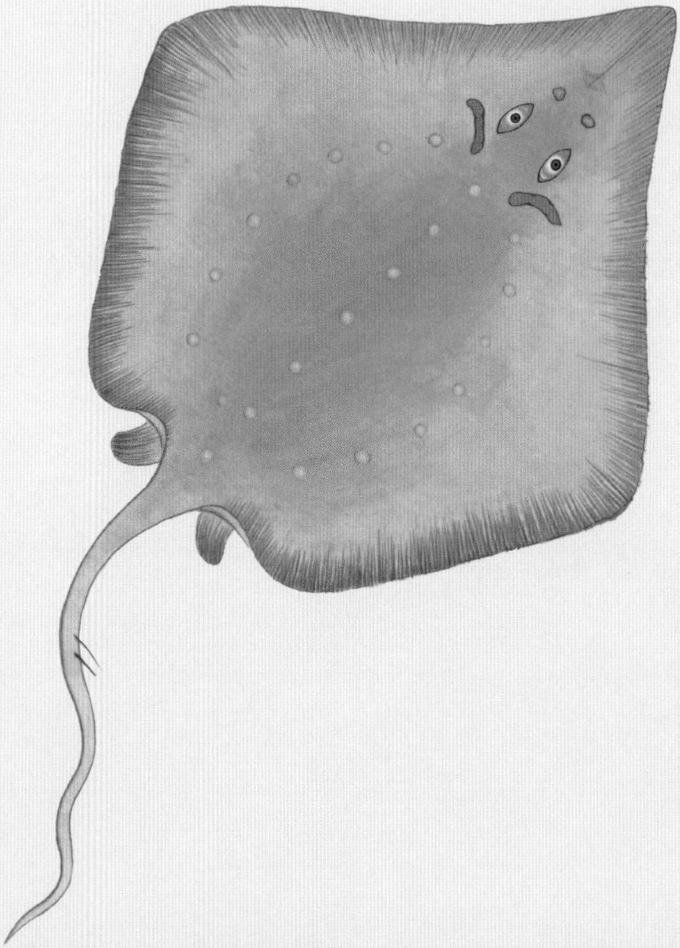

綠魟一名鋼片魟其肉厚而粗味亞諸魟

綠魟贊

銀海碧盤
浮沈徜徉
似鼈斂足
只嫌尾長

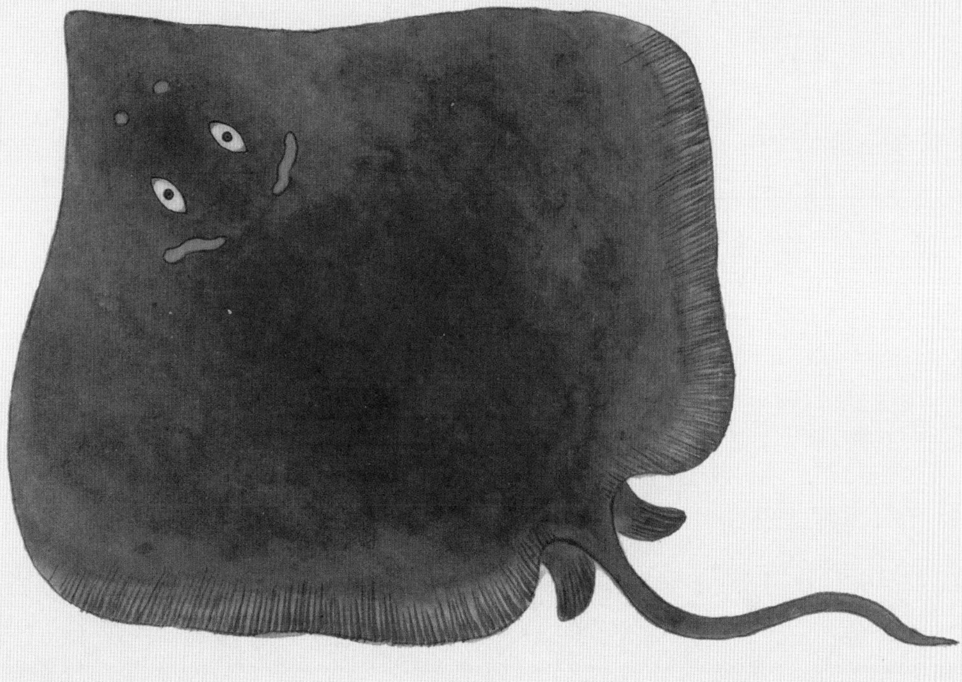

绿　魟

绿魟赞：银海碧盘，浮沉徜徉。似鳖敛足，只嫌尾长。

绿魟，一名“缸片魟”。其肉厚而粗，味亚[1]诸魟。

[1] 亚：次于，比不上。

| 译文 |

绿魟，也叫“缸片魟”。它的肉厚而粗糙，味道略逊于其他种类的魟。

鸡母魟

鸡母魟赞：形如翼卵，势若抱雏。难作牝鸣，亦乏爪孚。

鸡母[1]魟，其形如母鸡张翼状，土名“冬鸡母”。体作云头[2]式，尾三楞，皆有短刺，不螫人。其肉煮之能冻。

[1] 鸡母：南方有些地区称母鸡为“鸡母”。[2] 云头：云状的装饰物。

｜译文｜

鸡母魟，它的外形像母鸡张开翅膀的样子，俗名叫“冬鸡母”。它的身体呈云头的样子，尾巴上长有三条楞，上面都有短刺，不蜇人。它的肉煮久了能凝固成冻。

鷄母魟其形如母鷄張翼狀土名冬鷄母體作雲頭式尾三楞皆有短刺不螫人其肉煮之能凍

鷄母魟贊

形如翼卵勢若抱雛
雖作牝鳴亦乏爪孚

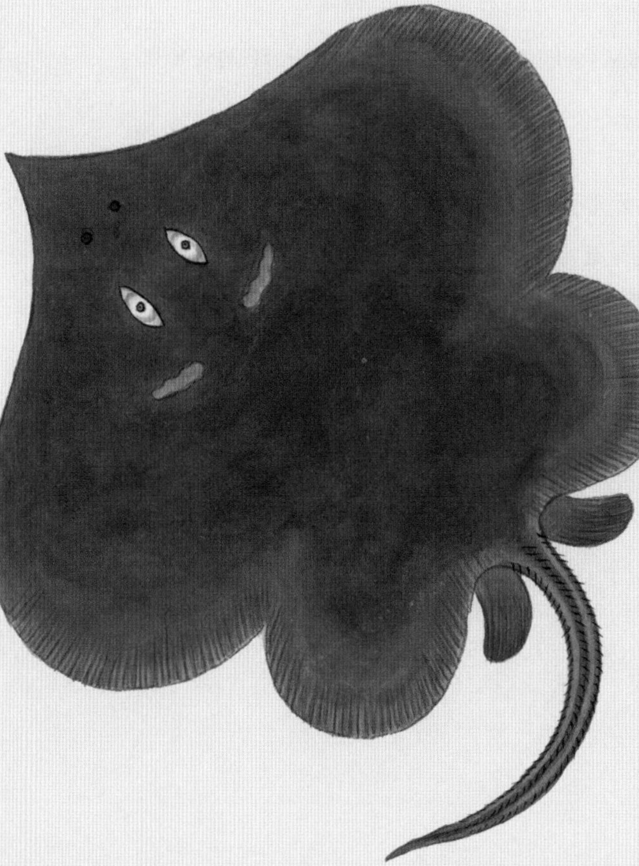

凡黄魟青魟錦魟腹形皆同其口並在腹下口之上復有二腮孔如鈎尾閭之孔亦大其魚雖匾濶而肚甚狹促週身細脆骨繞之如鯊翅而無筋亦鮮肉也凡魟亦係胎生青者生青黄者生黄一育不過三五枚以其腹窄故不多亦不能如鯋魚朝出而暮入也生出即能隨母魚遊躍以栖托於腹背之間

魟腹贊

背目腹口上下各異

一身之中遥隔天地

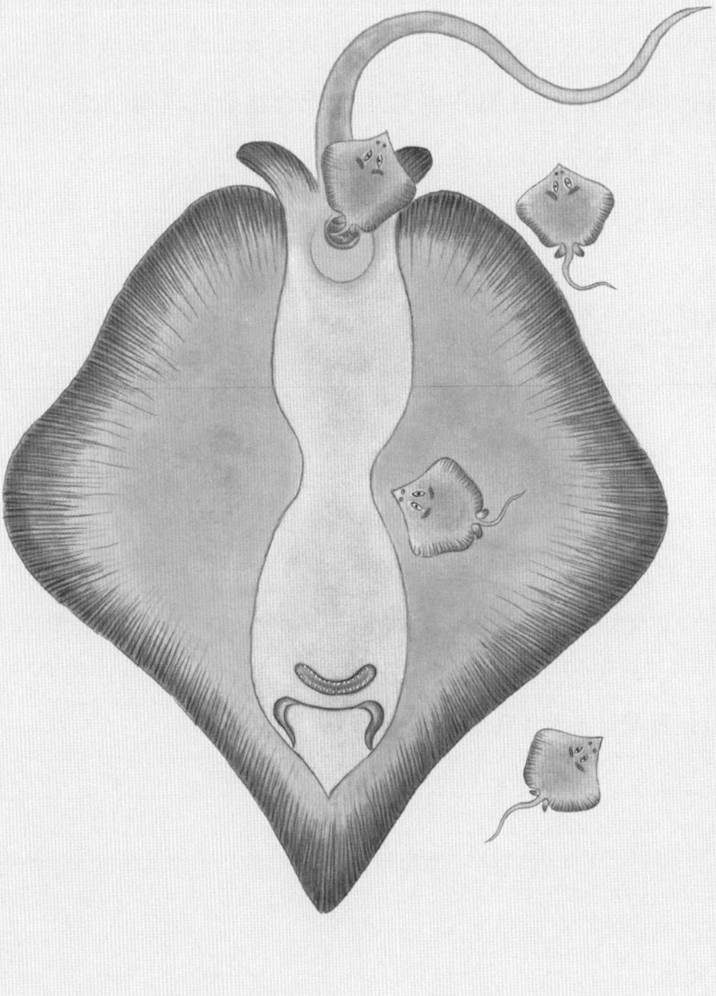

魟　腹

魟腹赞：背目腹口，上下各异。一身之中，遥隔天地。

凡黄魟、青魟、锦魟，腹形皆同。其口并在腹下，口之上复有二腮孔如钩，尾闾[1]之孔亦大。其鱼虽匾阔而肚甚狭促。周身细脆骨绕之如鲨翅而无筋，亦鲜肉也。凡魟亦系胎生，青者生青，黄者生黄，一育不过三五枚，以其腹窄，故不多，亦不能如鲨鱼朝出而暮入也。生出即能随母鱼游跃，以栖托于腹背之间。

[1] 尾闾（lǘ）：尾闾穴，位于尾骨与肛门之间。

| 译文 |

黄魟、青魟和锦魟的腹部的形状都一样，它的口都在腹部下方，口的上方还有两个钩子形的腮孔，尾巴根的孔也大。这种鱼虽然又扁又宽，但肚子非常狭小。它全身有鲨鱼翅一样细脆的骨头环绕着，但没有筋，肉也非常鲜美。所有的魟都是胎生的，青魟生青魟，黄魟生黄魟，一胎不过生三五条，因为肚子窄，所以产子不多，幼鱼也不能像小鲨鱼那样早上出来晚上回到母亲肚子里。它们生下来就能随着母亲游动跳跃，栖息于母亲的腹背之间。

䲗魟、珠皮魟

䲗魟赞：鱼如铁铫，鲞作金丝。不可大受，而可小知。

珠皮鲨赞：魟背珠皮，实饰刀剑。误指为鲨，前人未辨。

䲗[1]，小魟也。张汉逸曰："大则为水盖。"然考《闽志》，"水盖"与"䲗"两载。《字汇·鱼部》无"䲗"字。此魟专取其小如马蹄鳖之意。其形如鼊，疑为"鳖"字之讹。干之为金丝鲞，海品之最美者。或云：腹下有肉一片最佳，真"金丝"也。渔人识而先取之。骊珠[2]已为窃去，今市卖之金丝鲞，特骊龙之鳞爪耳。

按：魟鱼，其种类不一，曰"青"、曰"黄"、曰"锦"、曰"燕"、曰"䲗"。繁生浙闽海中，小者如掌，大者如盘[3]如匜[4]，至大者如蒲团如米箕，重六七十斤、八九十斤不等。有"水盖""斑车""牛皮"之名，皆大魟也。诸魟鱼并有刺，而鱼市见者则无。询之鱼贯，曰："魟鱼之刺在尾后，距尾根二寸许。渔人捕得，先以铁钩钩其背，摘去毒刺，投于海，然后分肉入市。"其刺有二，一长一短。长者有倒须小钩，甚奇。其毒刺螫人，身发寒热，连日夜号呼不止。以其刺钉树，虽合抱松柏，朝钉而夕萎，亦一异也。珠皮魟[5]，大者径丈，其皮可饰刀鞬[6]，今人多误称鲨鱼皮，不知鲨皮虽有沙[7]不坚，无足取也。

魟鱼，《尔雅》及诸类书不载，韵书[8]亦缺，盖其字不典[9]，不在古人口角[10]也。匪但经史中无此，即诗赋内亦罕及，独《汇苑》因《闽志》采入。《字汇》注"魟鱼"曰："鱼，似鳖。"义尚未尽。《尔雅翼》解"鲛鱼"曰："似鳖，无足有尾。[11]"此正魟状也。而又曰"今谓之鲨鱼[12]”，则展转相讹矣。不知古人典籍虽鲜“魟”字，然《江赋》“鲼[13]鱼”注曰：“口在腹下而尾有毒。”尤为魟鱼传神写照。昔人既不解魟，又失详“鲼”义，尝执“鲛鲨”二字以混魟鱼，致使诸书训诂[14]一概不清，每令读者探索无由，多置之不议不论而已。

渔人称：“燕魟固善飞，而黄魟、青魟、锦魟亦能飞，尝试而得之。网户[15]凡捕魟者，必察海中魟集之处下网，相去数十武[16]，候其随潮而来，则可入我网中。有昨日布网，今日潮候[17]绝无一魟者。因更搜缉之，则魟已遁去矣，或相去数十里不等。盖魟鱼聚水有前驱者，遇网则惊而退，乃与群魟越网飞过，高仅一二尺，远不过数十丈，仍入海游泳而去，又聚一处。渔家踪迹[18]得之，乃移船，改网更张，遂受罗取，往往如此，是以知其能飞也。大约燕魟善飞鼓舞，青、黄、锦、鲏相继于后。”取渔人之言而合之《珠玑薮》之说，似不诬矣。

[1] 鲏：音pī。[2] 骊珠：《庄子·列御寇》里描写的价值千金的宝珠，传说出自骊龙颔下，故名。[3] 盘：这里指的是先秦时期盥洗时用来盛水的青铜器。[4] 匜（yí）：先秦时期盥洗时用来注水的青铜器。[5] 珠皮魟：赞语作“珠皮鲨”，依原文未改。[6] 刀鞬（jiàn）：刀鞘。[7] 沙：指鱼皮上的沙状颗粒。[8] 韵书：是把汉字按照字音分韵编排的一种书。这种书主要是为分辨、规定文字的正确读音而作，同时它有字义的解释和字体的记载。韵书既是音韵学的材料，也能起辞书、字典的作用。[9] 不典：粗俗，不典雅。也有不合准则的意思。这里指“魟”字是民间所造的俗字，故而很多典籍里没有记载。[10] 口角（jiǎo）：嘴边。[11]《尔雅翼》原文为：“状如鳖而无足，圆广尺余，尾长尺许。”[12]《尔雅翼》原文为：“今总谓之沙鱼。”[13] 鲼：音fèn。[14] 训诂（gǔ）：解释古书中的字、词、句的意义。训，指用通俗的话去解释词义；诂，用当代的话去解释古语或用较通行的话去解释方言。[15] 网户：渔户。[16] 武：半步。古代六尺为步，半步为武。[17] 潮候：定期而至的潮水的涨落。[18] 踪迹：按行踪影迹追查、追寻。

| 译文 |

䲟，是小魟。张汉逸说："大的䲟魟就是水盖。"然而考查《闽志》，里面水盖和䲟魟是分开记载的。《字汇·鱼部》没有"䲟"字。这种魟的命名是专取其小如马蹄鳖的意思。它的样子像鼊，我怀疑是"鳖"字的讹误。它晾干了之后是金丝鲞，这是海产品里味道最美的。有人说：它的腹部下方有一片肉品质是最好的，堪称真正的"金丝"，渔民识货，就先取走了。骊珠已经被窃去，现在市场上卖的金丝鲞，仅仅是骊龙的鳞爪而已。

按：魟鱼，它的种类不一，有青魟、有黄魟、有锦魟、有燕魟、有䲟魟。它在浙江、福建海域中繁殖生长，小的有手掌大小，大的像盘像匜，最大的甚至有蒲团和簸箕那么大，重六七十斤、八九十斤不等。"水盖""斑车""牛皮"等别名，指的都是大魟。各种魟鱼都有刺，鱼市里售卖的则没有。问卖鱼的商贩，他们说："魟鱼的刺在尾后，距离尾根二寸多。渔民捕得这种鱼，先用铁钩钩住它的背，摘去毒刺，投到海里，然后切割分块拿到市场出售。"它的刺有两种，一长一短。长的有倒须小钩，样子非常奇怪。它的毒刺蜇到人，就会使人身体发寒发热，疼得连日连夜号呼不止。将它的刺钉到树上，即使是合抱粗的松柏，一日之内就枯萎了，这也是咄咄怪事。还有一种珠皮魟，大的直径有一丈，它的皮可以装饰刀鞘，现在人们多误称它为鲨鱼皮，却不知道鲨鱼皮虽然有沙却不结实，不能使用。

魟鱼，《尔雅》及众多的类书中没有记载，韵书里也缺少记载，大概是因为这个字不典雅，古人不常说。不但经史中没有这个字，即使诗词歌赋里也很少用到，单单《汇苑》因《闽志》而收录了它。《字汇》注释"魟鱼"说："鱼，似鳖。"含义尚不明确。《尔雅翼》里解释"鲛鱼"说："像鳖，没有脚，有尾巴。"这正是魟鱼的样子。还说"现在人们称之为鲨鱼"，辗转相传就出现讹误了。不知为何古人典籍里虽然很少有"魟"字，但是《江赋》里"鲼鱼"的注释说："口在腹下而尾有毒。"这更是魟鱼的传神写照。古人既不了解魟鱼，又不能详解"鲼"的意思，曾经拿"鲛鲨"二字来混淆魟鱼，致使各种书的

按魟魚其種類不一曰青曰黃曰錦曰燕曰鱕鯀生浙閩海中小者如掌大者如盤如匾至大者如蒲團如米箕重六七十斤八九十斤不等有水盖斑車牛皮之名皆大魟也諸魟魚並有刺而魚市見者則無詢之魚賈曰魟魚之刺在尾後距尾根二寸許漁人捕得先以鐵鉤鉤其背摘去毒刺投於海然後分肉入市其刺有二一長一短長者有倒鬚小鉤甚奇其毒刺螫人身發寒熱連日夜號呼不止以其刺釘樹雖合抱松柏朝釘而夕萎亦一異也珠皮魟大者徑丈其皮可飾刀鞘今人多誤稱鯊魚皮不知鯊皮雖有沙不堅無足取也

魟魚爾雅及諸類書不載韻書亦缺蓋其字不典不在古人口角也匪但經史中無此即詩賦内亦罕及獨彙苑因閩志采入字彙註魟魚曰魚似鼈義尚未盡爾雅翼解鮫魚曰似鼈無足有尾此正魟狀也而又曰今謂之鯊魚則展轉相訛矣不知古人典籍雖鮮魟字然江賦鱝魚註曰口在腹下而尾有毒尤為魟魚傳神寫照昔人既不解魟又失詳鱝義嘗執鮫鯊二字以混魟魚致使諸書訓詁一槩不清每令讀者探索無由多置之不議不論而已

漁人稱燕魟固善飛而黃魟青魟錦魟亦能飛嘗試而得之網戶凡捕魟者必察海中魟集之處下網相去數十武候其隨潮而來則可入我網中有昨日布網今日潮候絕無一魟者因更摎繒之則魟已避去矣或相去數十里不等蓋魟魚聚水有前驅者過網則驚而退乃與群魟越網飛過高僅一二尺遠不過數十丈仍入海遊泳而去又聚一處漁家蹤跡得之乃移船改網更張遂受羅取往往如此是以知其能飛也大約燕魟善飛鼓舞青黃錦鱕相繼於後取漁人之言而合之珠璣藪之說似不誣矣

鱝小魟也張漢逸曰大則為水盈然考閩志水盈與鱝兩載字彙魚部無鱝字此魟專取其小如馬蹏鼈之意其形如鼈疑為鱉字之訛乾之為金絲鮝海品之最美者或云腹下有肉一片最佳焉金絲也漁人識而先取之驪珠已為竊去今市賣之金絲鮝特驪龍之鱗爪耳

鱝魟贊

魚如鐵銚　鮝作金絲
不可大受　而可小知

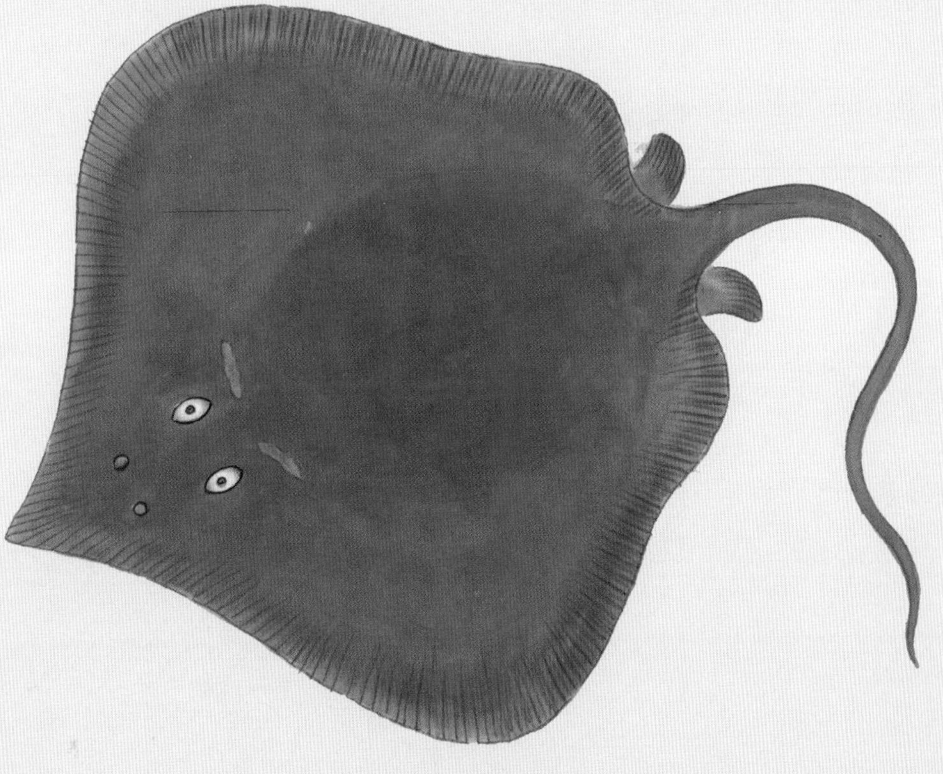

解释都很模糊，常常让读者无从探究，大多放在那里不研究不争论罢了。

渔民说：“燕魟本来就善于飞，而黄魟、青魟、锦魟也能飞，只是得多练习几次才可以。凡是捕捉魟鱼的渔户，一定要观察海中魟鱼聚集处，在距其几十步远的地方下网，等它随着潮水而来，就能进入我的网里了。也有前一天布网，转天到了涨潮的时候却一条魟鱼也没有的情况。再仔细搜寻，鱼群早已不见踪影，有时候甚至已经相距几十里不等。这是因为魟鱼在水中聚集时是有鱼在前方领路的，它们遇到网就惊吓而退却，于是与群魟越网飞过，高仅一二尺，远不过几十丈，仍入海游泳而去，不久又聚在一处。渔民按踪迹追查到，就移动船只，重新张网，于是魟鱼就钻入网中被捉到了。捕捉魟往往有此经历，因此断定它能飞。大约是受燕魟善飞鼓舞，青魟、黄魟、锦魟、鳑魟便跟在它的后面。”用渔民的说法来验证《珠玑薮》里的说法，似乎不假。

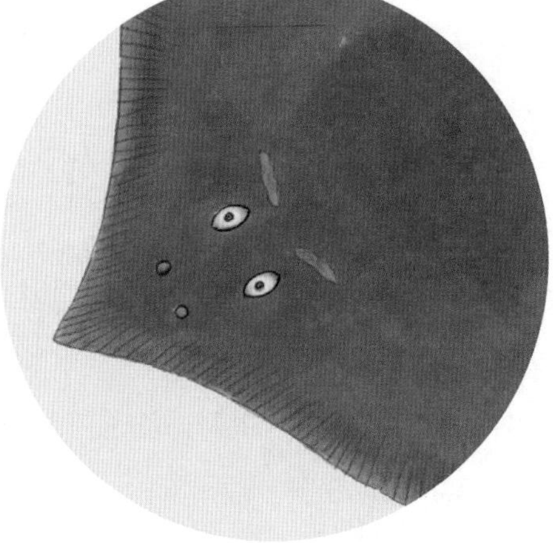

珠皮鯊贊

紅背珠皮寔飾刀劍
誤指為鯊前人未辨

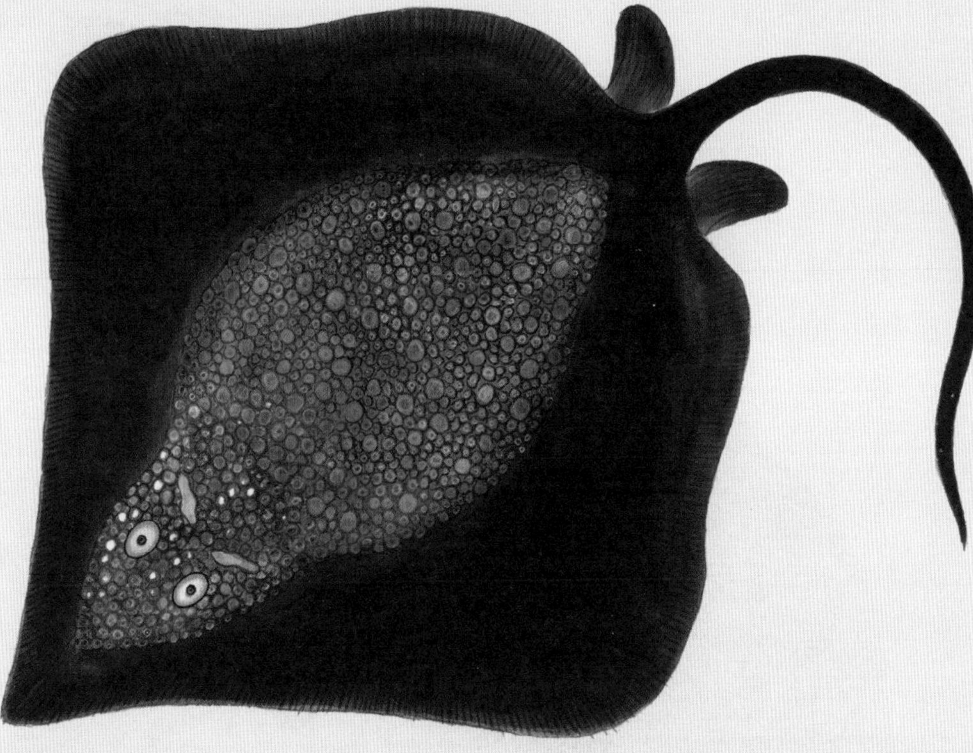

海鰩其形如鷂兩翅長
展而尾有白斑亦名胡
鰩爾雅翼及字彙作文
鰩𩶱指飛魚不知魟魚
中乃别有鰩魚鰩魚不
曰鷂而必曰鰩者爲魚
存鰩名也此魚紅灰色
目上有白點二大塊亦
有斑白點

海鰩贊

海馬乘獵海狗隨行海
鰩一飛海雞犇鶩

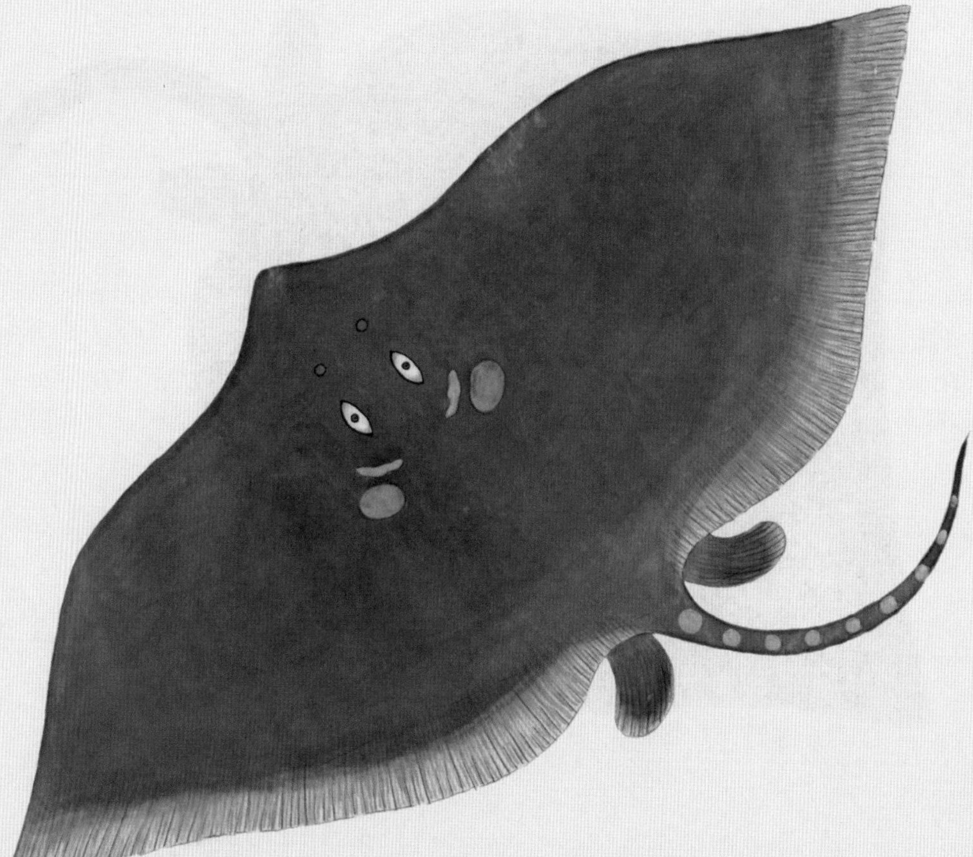

海　鳐

海鳐赞：海马乘猎，海狗随行。海鳐一飞，海鸡群惊。

海鳐，其形如鹞，两翅长展而尾有白斑，亦名“胡鳐”。《尔雅翼》及《字汇》作“文鳐”，并指飞鱼，不知魟鱼中乃别有鳐鱼。鳐鱼不曰“鹞”而必曰“鳐”者，为鱼存“鳐”名也。此鱼红灰色，目上有白点二大块，亦有斑白点。

| 译文 |

海鳐，它的样子像鹞，两翅长长展开，尾巴有白斑，也叫“胡鳐”。《尔雅翼》及《字汇》将其写成“文鳐”，都解释为飞鱼，殊不知魟鱼中另有鳐魟。鳐鱼的“鳐”不写作“鹞”而写作“鳐”，是为鱼类保存“鳐”这个名字。鳐鱼为红灰色，眼睛上方有两大块白点，也有的是花白的斑点。

虎头魟

虎头魟赞：魟有燕颔，又有虎头。鱼王而下，尔公尔侯。

虎头魟，形如虎头而不尖。背有沙子一条，直至于尾。海中偶有，味不堪食。

| 译文 |

虎头魟，形状像老虎的头但不尖。背部有一条带沙粒状颗粒的皮，一直延伸到尾部。海中偶有，味道很差，不能食用。

虎頭魟形如虎頭而不尖背有沙子一條直至於尾海中偶有味不堪食

虎頭魟贊

魟有燕頷又有虎頭魚王而下爾公爾侯

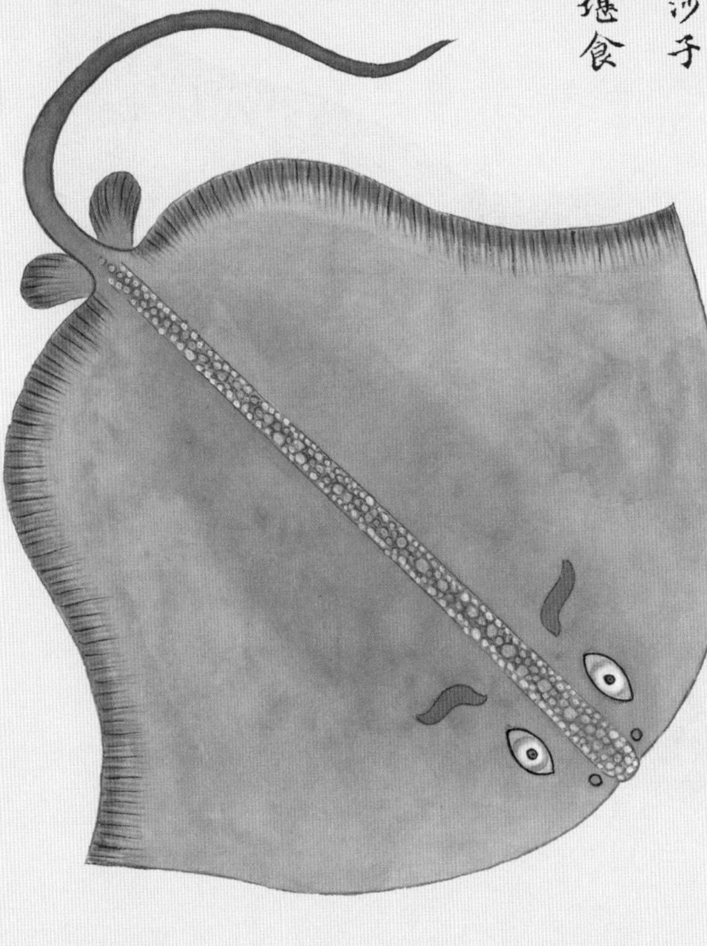

臨海異物志曰鳶魚似鳶鷲魚似燕陰雨皆能高飛丈餘鷲魚即燕魟也鳶魚無考

燕魟賛

鱗鬣爲簾瑇瑁爲梁燕燕于飛海底翱翔

燕魟福州鱗介部亦稱海燕泉州志作海鷰字彙無鷰字興化志云此魚如燕其尾亦能螫人福州人食味重此此魚黑灰色有白點者亦有純灰者腹厚而目獨生兩旁喙尖出而口隱其下目上兩孔是腮甚大能食蚶字彙魚部有魽字疑指燕魟也

燕　魟

燕魟赞：鳊须为帘，玳瑁为梁。燕燕于飞，海底翱翔。

《临海异物志》曰："鸢[1]鱼似鸢，燕鱼似燕。阴雨皆能高飞丈余。"燕鱼即燕魟也，鸢鱼无考。

燕魟，福州鳞介部[2]亦称"海燕"。《泉州志》作"海鷰"，《字汇》无"鷰"字。《兴化志》云：此鱼如燕，其尾亦能螫人。福州人食味[3]重此。此鱼黑灰色，有白点者，亦有纯灰者。腹厚而目独生两旁，喙[4]尖出而口隐其下。目上两孔是腮，甚大。能食蚶。《字汇·鱼部》有"鲋"字，疑指燕魟也。

[1] 鸢：音yuān。[2] 福州鳞介部：疑有脱文，似当为"《福州志·鳞介部》"（译文按书名译出）。[3] 食味：品尝滋味，吃东西。[4] 喙：本指鸟嘴，这里指这种鱼的嘴。

| 译文 |

《临海异物志》里说："鸢鱼像鸢，燕鱼像燕。在阴雨天都能高飞一丈多。"燕鱼就是燕魟，鸢鱼无从考证。

燕魟，《福州志·鳞介部》里也称之为"海燕"。《泉州志》里写成"海鷰"，《字汇》里没有"鷰"字。《兴化志》里说：这种鱼像燕子一样，它的尾巴也能蜇人。福州人在饮食上很重视这种鱼。这种鱼是黑灰色的，有长白点的，也有纯灰色的。腹部肉厚而眼睛单长在两旁，尖嘴突出而口隐藏在它的下面。眼睛上方的两个孔是腮，非常大。燕魟主要以蚶类为食。《字汇·鱼部》里有"鲋"字，我怀疑就是指燕魟。

赤鳞鱼

赤鳞鱼赞：龙宫夜晏，万千红烛。烧残之余，流泛海角。

闽海有小红鳗，永不能大。土人名为“赤鳞鱼”，鱼品之最下，不堪食。又一种可食，似赤鳞而色白。

｜译文｜

福建海域有一种小红鳗，永远长不大。当地人管它叫“赤鳞鱼”，这种鱼肉质最差，不能食用。还有一种能食用的，似乎鱼鳞是红色的而身体是白色的。

閩海有小紅鰻永不能大土人名為赤鱗魚魚品之最下不堪食又一種可食似赤鱗而色白

赤鱗魚贊

龍宮夜宴萬千紅燭
燒殘之餘流泛海角

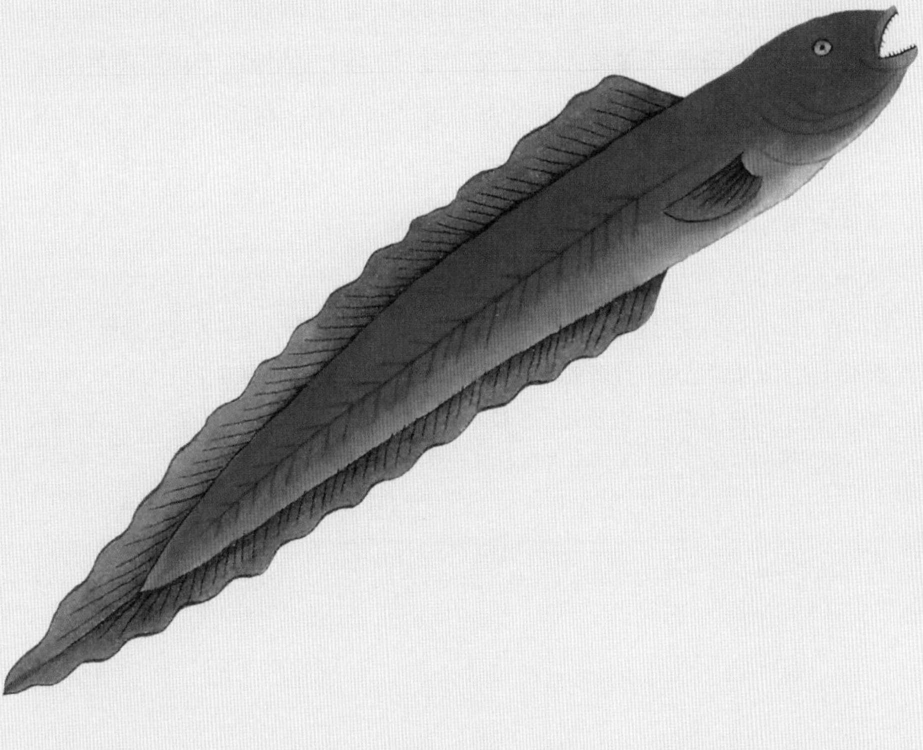

花 鲨

花鲨赞：如鸡伏雏，似燕翼子。花鲨胎生，诸鲨类此。

海人云：凡鲨鱼生子，虽有卵如鸡蛋黄，然仍自胎生。予未之信。近剖花鲨，果有小鲨鱼五头在其腹内，有二绿袋囊之，傍尚有小卵若干，或俟五鱼育则又生也。海人又谓：凡鲨生小鱼，小鱼随其母鱼游泳，夜则入其母腹。故鲨尾閪之窍亦可容指。考之类书，云：鲛鲨，其子惊则入母腹。又，《汇苑》称：“鲳[1]鱼，生子后朝出索食，暮皆入母腹中。”鲳鱼疑亦鲨也，《字汇》未注明。予奇此事，每欲与博识者畅论而无由。盖鱼在海中，入腹出胎，谁则见之？徒据渔叟之语与载籍所论，终难凭信[2]。今剖花鲨之腹而得五儿鱼，其理确然，不烦犀照[3]。予故图而述之，并可验虎锯、青犁等鲨之无不皆然。予序所谓“鲳胸穴子，比燕翼而尤深[4]”，盖指此也。《字汇·鱼部》有“[illegible]”字，指江豚能育子也。然又有“[illegible]”“[illegible]”二字，音义并同。观此鲨，儿鱼尝出入其腹中，则二字实藏鱼于腹，制字不虚，必有着落如此。

[1] 鲳：音cuò。[2] 凭信：信赖；可信。[3] 犀照：东晋时期，温峤来到牛渚矶，见水深不可测，又听说水中有许多水怪，便点燃犀牛角来照看，看见水下灯火通明，水怪奇形怪状。典出《晋书·温峤列传》和《异苑》。[4] 《图海错序》原文作“鲨胸穴子，较燕翼而尤深”，古人征引资料有时并不严格追求一字不差。

| 译文 |

常年住在海边的人说：鲨鱼都是胎生育子，即便有鸡蛋黄一样的卵，但仍然属胎生动物。我曾对此深表怀疑，但最近剖开了一条花鲨，发现果然有五条小鲨鱼在它的腹内，由两个绿色的肉囊包裹着，旁边还有若干较小的卵，估计是等这五条鱼孕育成了就再生新的小鱼。生活在海边的人还说：凡是鲨鱼生小鱼，小鱼白天随着它的母亲游泳，晚上则回到母亲腹内。所以鲨鱼的尾骨根部的孔窍也可以容下手指头。考查类书，里面说：鲛鲨，它的小鱼受到惊吓就进入母亲腹中。又，《汇苑》里说："鳝鱼，生子后，小鱼早上出来觅食，晚上都进入母鱼腹中。"鳝鱼可能就是鲨鱼，只是《字汇》未注明。我对此事很好奇，每每想跟见识广博的人痛快地讨论一下，却一直没有机会。鱼在海中，小鱼能钻进母亲腹中这件事和胎生这种情况，谁见到了？仅仅根据渔夫的话与书里的论述，终究让人难以相信。现在剖开花鲨的肚子而得到五条小鲨鱼，这就确定无疑了，不用像温峤点燃犀牛角往水里照那样麻烦了。我于是画图说明这件事，一并验证虎锯、青犁等鲨鱼，无不如此。我在序言里所说的"鳝胸穴子，比燕翼而尤深"指的就是这个。《字汇·鱼部》有"鰗"字，意指江豚能胎生育子。然而又有"蓊""蓊"两字，音义都和"鰗"相同。现观察鲨鱼，小鲨鱼能出入母亲的腹中，那么这两个字的意思实际是把鱼藏到肚子里。古人造字表意果然不虚，必然像这样有依据。

云鮫鯊其子驚則入母腹又彙苑稱
鯌魚生子後朝出索食暮皆入母腹
中鯌魚疑亦鯊也字彙未註明予奇
此事每欲與博識者暢論而無由盖
魚在海中入腹出胎誰則見之徒據
漁叟之語與載籍所論終難憑信今
剖花鯊之腹而得五兒魚其理確然
不煩犀炤予故圖而述之并可驗虎
鋸青犂等鯊之無不皆然予序所謂
鯌胸穴子比燕翼而尤深盖指此也
字彙魚部有鯆字指江豚能育子也
然又有[illegible][illegible]二字音義並同觀此鯊
兒魚嘗出入其腹中則二字實藏魚
於腹制字不虛必有着落如此

花鯊贊
如雞伏雛
似燕翼子
花鯊胎生
諸鯊類此

海人云凡鯊魚生子雖有卵如雞蛋黃然仍自胎生予未之信近剖花鯊果有小鯊魚五頭在其腹內有二綠袋囊之傍尚有小卵若干或俟五魚育則又生也海人又謂凡鯊生小魚小魚隨其母魚遊泳夜則入其母腹故鯊尾閭之竅亦可容指考之類書

青頭鯊贊

青鯊狀惡
無所不啖
泅水弄潮
亦受其害

青頭鯊頭大而齒利亦名圓頭其肉粗少油與硬鼻魦皆可為鮝汀建延邵各郡山鄉多珍之雲頭雙髻犂頭麪條等魦不堪為鮝止堪鮮食蓋肉嫩不易乾且有油難燥諸鯊醃鮮之別討海者具述如此

青頭鯊食諸水族即海人濯足於水常為嚙去

青头鲨

青头鲨赞：青鲨状恶，无所不啖。泅水弄潮，亦受其害。

青头鲨，头大而齿利，亦名“圆头”。其肉粗少油，与硬鼻鲨皆可为鲞，汀、建、延、邵各郡[1]山乡多珍之。云头、双髻、犁头、面条等鲨，不堪为鲞，止堪鲜食。盖肉嫩不易干，且有油难燥。诸鲨腌鲜之别，讨海[2]者具述如此。

青头鲨食诸水族，即海人濯足[3]于水，常为啮去。

[1] 郡：此指清代的行政单位“府”，作者为追求古意，称之为“郡”。以上各府参见569页注释[2]。[2] 讨海：福建人称打鱼为“讨海”，意为向大海讨生活。[3] 濯足：洗脚。

| 译文 |

青头鲨，头大，牙齿尖利，也叫“圆头”。它的肉粗糙少油，与硬鼻鲨都可以制成鱼干，汀州、建宁、延平、邵武各府的百姓都很爱吃。云头、双髻、犁头、面条等鲨不能做成鱼干，只能新鲜食用，因其肉嫩不容易晒干，而且有油难以干燥。各种鲨鱼腌制和鲜吃的区别，渔民叙述得很详细。

青头鲨吃各种水生动物，就是常年生活在海边的人去水中洗脚，也常被它叼去。

剑　鲨

剑鲨赞：虾兵蟹将，掼甲拖枪。鱼头参政，剑赐尚方。

剑鲨略如锯鲨。鼻甚长，两旁有齿各三十二。剑鲨鼻稍短，两旁不列齿，其形如剑而甚利，渔人莫敢撄[1]其锋。但锯鲨类书及《粤志》有其名，剑鲨无其名。惟《汇苑》载：剑鱼，一名“琵琶鱼”。《闽志》有“琵琶鱼”，疑即此也。询之鱼户张朝禄，云：“剑鲨肉易腐，肉不堪食，网中亦罕得。”滕际昌曰：“此鱼乐清海上甚多。网中得生者，其剑犹能左右挥划，人多怖之。”谢若愚曰：“予年九十三，闽中见此鱼不过一二次，比之锯鲨为少，故其名不著。”今得传其状，“青萍、结绿，将长价于薛、卞之门”[2]矣。

[1] 撄（yīng）：触犯。[2] 这句话的意思是：希望青萍宝剑、结绿美玉能在薛烛、卞和门下增添价值。比喻好东西在识货者那里得到应有的重视。语出李白《与韩荆州书》。青萍，古代宝剑名；结绿，古代美玉名；薛，指春秋时期相剑名家薛烛；卞，指春秋时期发现和氏璧的玉工卞和。

| 译文 |

剑鲨大致像锯鲨。锯鲨鼻子特别长，两旁各有三十二枚牙齿。剑鲨的鼻子稍短，两旁没有牙齿，其形状如同锋利的宝剑，渔民没有谁敢触犯它的锋芒。但锯鲨的名字在类书以及《粤志》里都有记载，剑鲨的名字反而没有。只有《汇苑》记载：剑鱼，也叫“琵琶鱼”。《闽志》里谈及“琵琶鱼”，我怀疑说的就是这种鱼。向渔民张朝禄询问，他说：“剑鲨的肉很容易腐烂，肉不能吃，撒网也很少能捕获。”滕际昌说：“这种鱼在乐清的海上非常多。

用网捉到活的，它的‘剑’还能左右挥动，人们大多很害怕它。”谢若愚说：“我今年九十三岁，在福建地区见到这种鱼也不过一两次，这种鱼比锯鲨少，所以它的名字不为人们所熟知。”现在我能把它的样子画下来传播开去，这就像李白说的“青萍剑和结绿玉将在薛烛、卞和的门下增添价值”了。

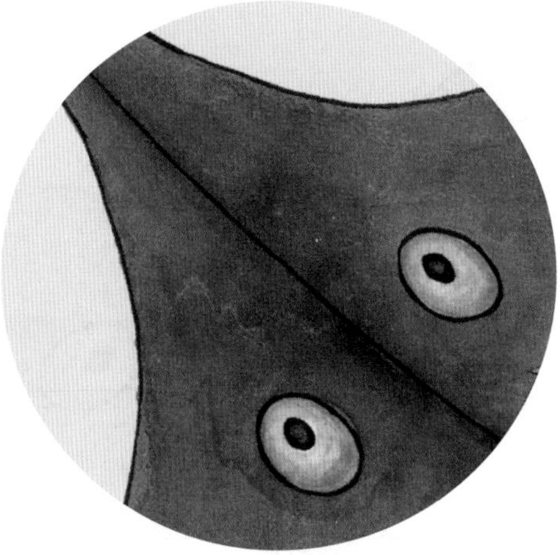

劍鯊畧如鋸鯊鼻甚長兩旁有齒各三十二劍鯊鼻稍短兩旁不列齒其形如劍而甚利漁人莫敢攖其鋒但鋸鯊類書及粵志有其名劍鯊無其名惟彙苑載劍魚一名琵琶魚閩志有琵琶魚疑即此也詢之魚户張朝禄云劍鯊肉易腐肉不堪食網中亦罕得滕際昌曰此魚樂清海上甚多網中得生者其劍猶能左右揮劃人多怖之謝若愚曰予年九十三閩中見此魚不過一二次比之鋸鯊為少故其名不著今得傳其狀青萍結綠將長價於薛卞之門矣

劍鯊賛

蝦兵蟹將擐甲拖鎗
魚頭叅政劍賜尚方

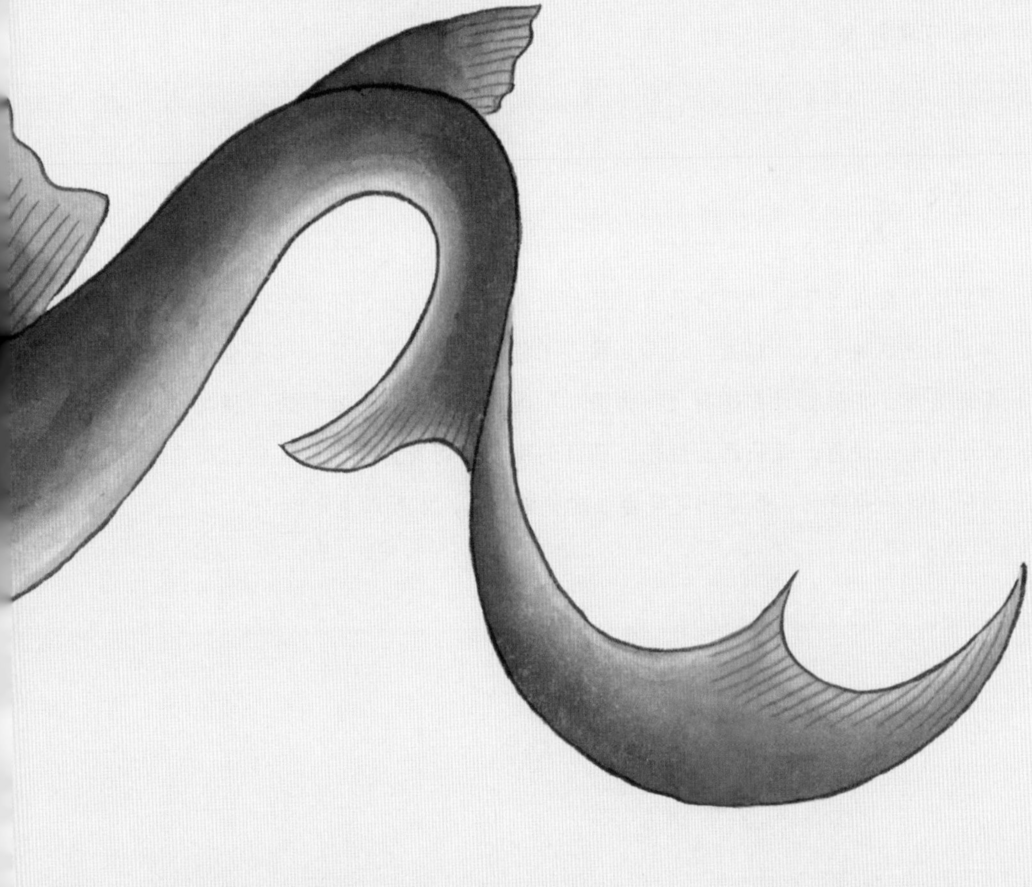

青　鳗

青鳗赞：海有鸢鱼，无从访画。青鳗鸟啄，疑为鸢化。

青鳗，如鳗而细，其啄甚长，红色。其身透明，能照见骨节。皆油也，不堪食。海滨儿童干而悬之以为戏。按：《临海异物志》称："鸢鱼似鸢，燕鱼似燕，阴雨皆能高飞丈余。"今考鸢之为鸟，身小而黑绿，啄长而赤。鹤鱼啄长而身亦长狭，则青鳗当作鸢鱼矣。然必验此鱼能飞，则始可定评矣。

｜译文｜

青鳗，像鳗鱼但身形较其细长，它的嘴特别长，是红色的。它的身体晶莹剔透，在阳光下能看到鱼骨节。这种鱼身体里都是油，不能食用。海边的孩童常把它晾干，挂起来当玩具。按：《临海异物志》里说："鸢鱼像鸢，燕鱼像燕，在阴雨天都能高飞一丈多。"现在可以考证：鸢作为一种鸟，身体小而呈黑绿色，嘴长而呈红色。鹤鱼的嘴长，而身体也又长又瘦，那么青鳗应该就是鸢鱼啊。然而一定得验证这种鱼能飞，才可以下定论。

海舡钉

宁波海上有鱼曰“海舡钉”，色青，身圆而肥，直如钉，故名。出冬月[1]，味鲜，其目珠虽置暗室有光。

[1] 冬月：农历十一月。有时候也泛指冬天。

｜译文｜

宁波海域有种鱼叫“海舡钉”，青色，身体又圆又肥，直得像钉子，所以得名。这种鱼在十一月出现，味道非常鲜美，它的眼睛即便是在黑暗的屋子里也能放出光芒。

寧波海上有魚曰海舡釘色青身圓而肥直如釘故名出冬月味鮮其目珠雖置暗室有光

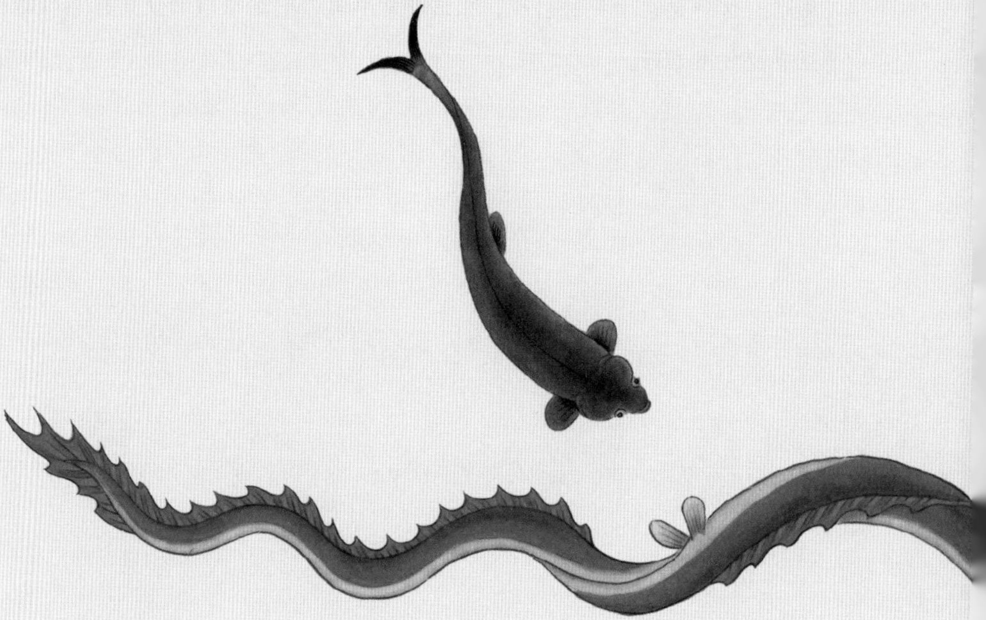

青鰻如鰻而細其喙甚長紅色其身透明能照見骨節皆油也不堪食海濱兒童乾而懸之以為戲按臨海異物志稱鳶魚似鳶燕魚似燕陰雨皆能高飛丈餘今考鷸之為鳥身小而黑綠喙長而赤鶴魚喙長而身亦長狹則青鰻當作鳶魚矣然必驗此魚能飛則始可定評矣

青鰻贊

海有鷸魚無從訪畫
青鰻鳥喙疑為鷸化

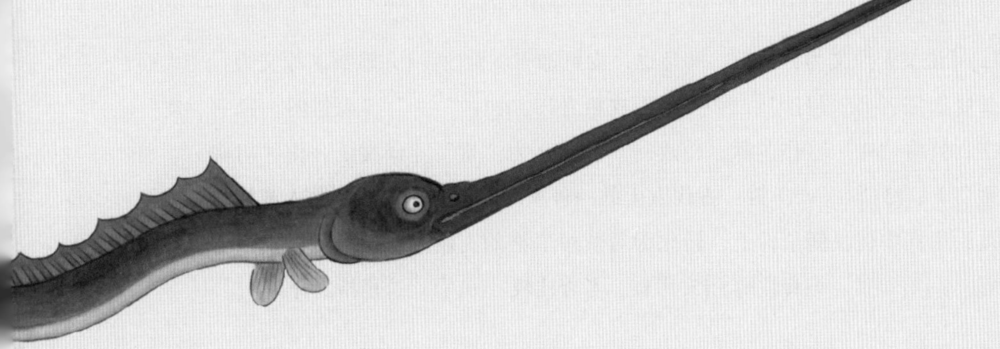

锯 鲨

锯鲨赞：海滨虾蟹，生活泥水。鲨为木作，铁锯在嘴。

《说文》云：鲛鲨，海鱼，皮可饰刀[1]。《尔雅翼》云：鲨有二种，大而长啄如锯者名“胡沙”，小而粗者名“白鲨”[2]。今锯鲨鼻如锯，即胡鲨也。《字汇》“鱙”但曰“鱼名”，疑即锯鲨也。此鲨首与身全似犁头鲨状，惟此锯为独异。其锯较身尾约长三之一，渔人网得必先断其锯，悬于神堂以为厌胜[3]之物。及鬻城市，仅与诸鲨等，人多不及见其锯也。《汇苑》载“鱙鱼”，注云“左右如铁锯”，而不言鼻之长。总未亲见，故训注[4]不能畅论。至《字汇》则但曰“鱼名”，尤失考较[5]也。渔人云：此鲨状虽恶而性善，肉亦可食。又有一种剑鲨，鼻之长与锯等，但无齿耳。以其状异，故又另图。其剑背[6]丰而傍薄，最能触舟，甚恶。《汇苑》云：海鱼千岁为剑鱼，一名“琵琶鱼”。形似琵琶而喜鸣，因以为名。考《福州志》，锯鲨之外有“琵琶鱼”，即剑鲨也。

---

[1]《说文》原文为：“鲛，海鱼也，皮可饰刀。”[2]《尔雅翼》原文为：“大而长喙如锯者名‘胡沙’，……小而皮粗者曰‘白沙’。”《海错图》脱一“皮”字，且将“喙”写作“啄”，改一“沙”字为“鲨”（译文统一作“胡鲨”“白鲨”）。[3] 厌（yā）胜：古代方士的一种巫术，谓能以诅咒制服人或物。后来则被引用在中国民间信仰上，转化为对禁忌事物的克制方法，意思大致相当于“辟邪”。[4] 训注：训释注解。[5] 考较：考查比较。[6] 背：这里指剑脊。

| 译文 |

《说文》里说：鲛鲨，是一种海鱼，它的皮可以装饰刀剑。《尔雅翼》里说：鲨有两种，体形大、长长的嘴巴像锯一样的叫“胡鲨”，体形小而皮粗的叫“白鲨”。锯鲨的鼻子像锯一样，应该就是胡鲨。《字汇》里的“鮶”字，只说是鱼名，我怀疑就是锯鲨。这种鲨鱼脑袋与身子完全像犁头鲨的样子，只有这锯是最独特的。它的锯约占身体长度的三分之一，渔民用网捕到后，一定先断下它的锯，悬挂在神堂作为辟邪之物。等卖到城里市场上就跟别的鲨鱼差不多，人们基本上没有机会看到它的锯。《汇苑》里记载有“鮶鱼”，注释说“左右像铁锯”，但没说鼻子长。总之，没有亲眼见到，所以训释注解得不能完全到位。至于《字汇》，则只说“鱼名”，更缺少考查比较。渔民说：这种鲨鱼样子虽然凶恶，但性情温顺，肉可以吃。又有一种剑鲨，鼻子的长度与锯鲨相等，只是没有锯齿。因为它的样子特殊，所以又另外画了一张图。它的剑脊厚而边缘锋利，很容易将船撞翻，非常凶恶。《汇苑》里说：海鱼过了一千岁就是剑鱼，也叫“琵琶鱼”。它样子像琵琶而喜欢鸣叫，因此就有了这个名字。考查《福州志》，锯鲨之外有“琵琶鱼”，就是剑鲨。

可食又有一種劍鯊鼻之長與鋸等但無齒耳以其狀異故又另圖其劍背豐而傍薄最能觸舟甚惡彙苑云海魚千歲為劍魚一名琵琶魚形似琵琶而喜鳴因以為名考福州志鋸鯊之外有琵琶魚即劍鯊也

鋸鯊贊

海濱蝦蟹生活泥水
鯊為木作鐵鋸在嘴

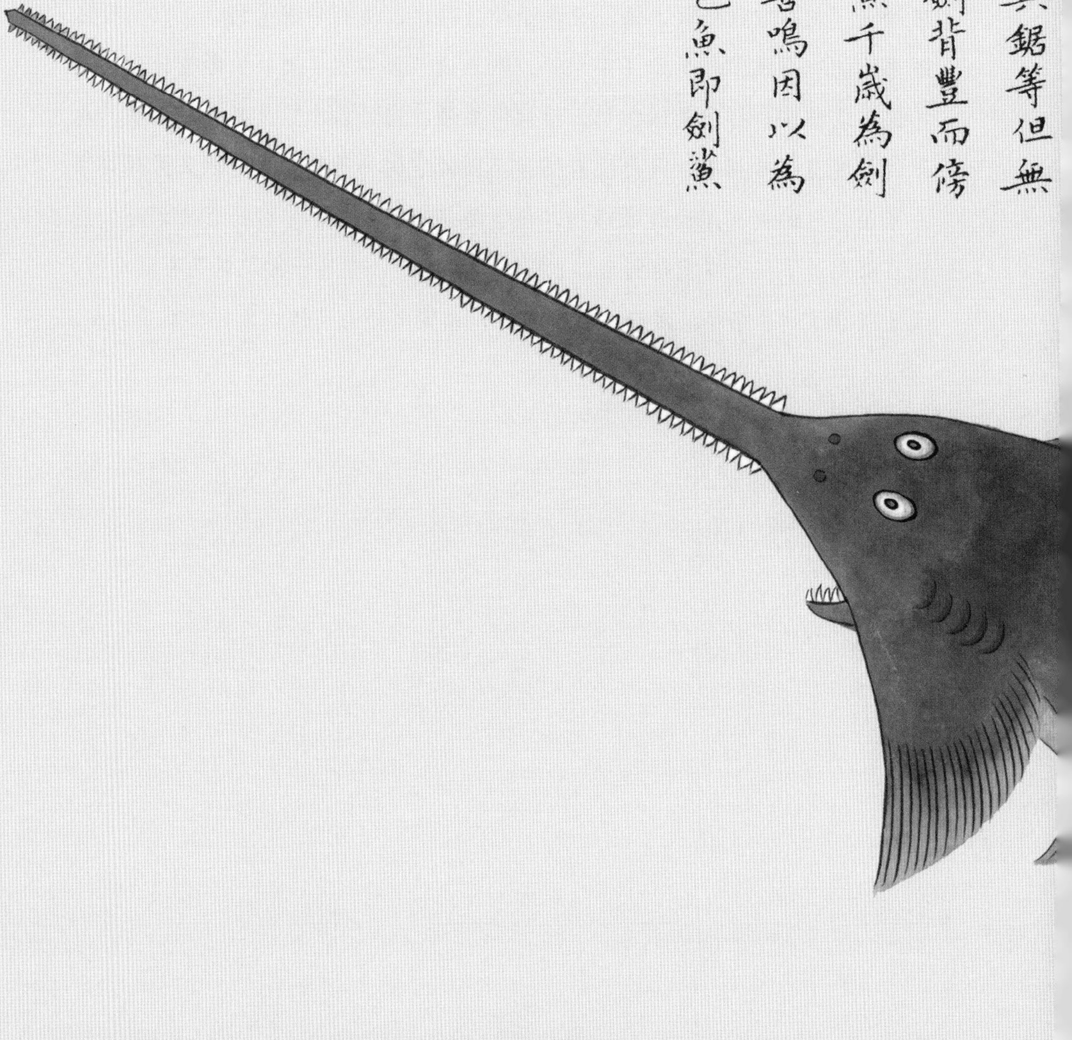

說文云鮫鯊海魚皮可飾刀爾雅翼云鯊有二種大而長喙如鋸者名胡沙小而粗者名白鯊今鋸鯊鼻如鋸即胡鯊也字彙鋸但曰魚名疑即鋸鯊也此鯊首與身全似犂頭鯊狀惟此鋸為獨異其鋸較身尾約長三之一漁人網得必先斷其鋸懸於神堂以為厭勝之物及鷺城市僮與諸鯊等人多不及見其鋸也彙苑載鋸魚註云左右如鉄鋸而不言鼻之長總未親見故訓註不能暢論至字彙則但曰魚名尤失考較也漁人云此鯊狀雖惡而性善肉亦

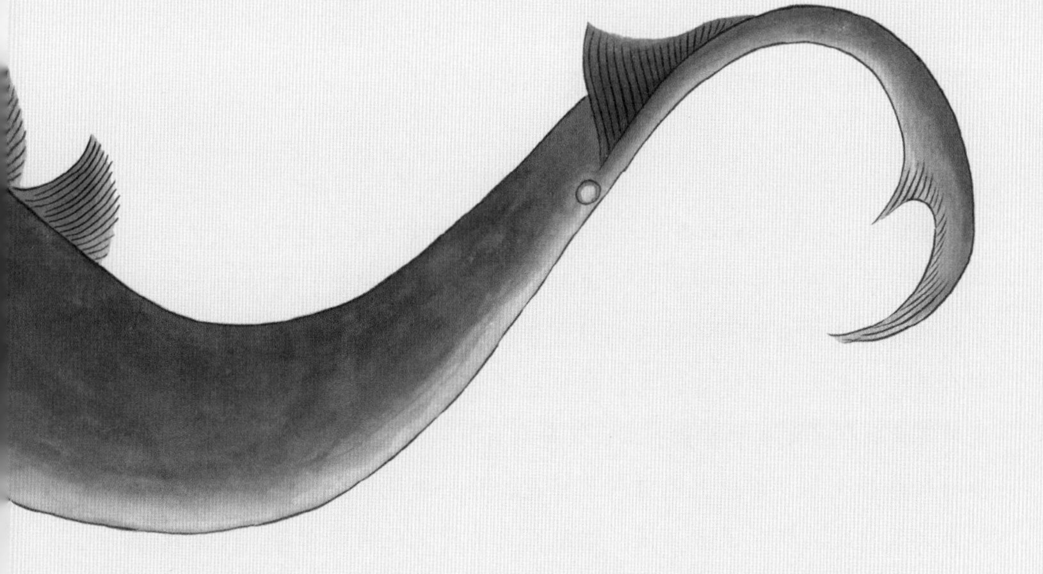

梅花鲨

梅花鲨赞：鱼游春水，沾浪裹梅。龙门探花，衣锦荣归。

康熙戊寅[1]，考访鲨鱼，渔人以梅花鲨为予述其状。缘[2]鱼市既不及见，而书传内从无其名，未敢遽[3]信，存而不论者久矣。己卯[4]之夏，图将告成，有客自南路海岸来，述所见有梅花鲨。鲨形与诸鲨同，独背上一带五瓣梅花，白色，排列井井[5]，背翅更有一花，岐尾上有二花，其鱼大五六尺。予闻而喜与前说相符，更以其图询诸渔叟，皆曰："然。其肉可食。"因即为之附图，而叹造化之工巧乃至于此。《字汇·鱼部》有"鮪"字，或指此。

[1] 康熙戊寅：康熙三十七年，公元1698年。[2] 缘：因为。[3] 遽：立即。[4] 己卯：康熙三十八年，公元1699年。[5] 井井：整齐有条理的样子。

| 译文 |

康熙三十七年，我考查寻访鲨鱼的时候，渔民为我描述了梅花鲨的样子。由于在鱼市上没能见到，而典籍中又没有相关记载，我没敢立即相信，所以对这种鱼存而不论已经很久了。己卯年夏天，《海错图》即将完成了，有客人从南方海边来，跟我描述他所见之物，其中有梅花鲨。这种鲨鱼的样子跟各种鲨鱼相同，只是后背有一排五瓣的白色梅花图案，排列得井井有条，背翅上还有一朵梅花，分叉的尾巴上有两朵梅花。这种鱼大五六尺。我听了很高兴，这跟我之前听说的内容相符，又拿这张

图询问渔夫，他们都说：“梅花鲨就是这样的。它的肉可以吃。”于是就为它附了这张图，不禁感叹造化的工巧竟到了如此程度。《字汇·鱼部》里有“鲔”字，或许指的就是这种鱼。

色排列井井背翅更有一花歧尾上有二花其魚大五六尺予聞而喜與前説相符更以其圖詢諸漁叟皆曰然其肉可食因即為之附圖而嘆造化之工巧乃至於此字彙魚部有鰣字或指此

康熙戊寅考訪鯊魚漁人以梅花鯊為予述其狀緣魚市既不及見而書傳內從無其名未敢遽信存而不論者久矣己卯之夏圖將告成有客自南路海岸來述所見有梅花鯊鯊形與諸鯊同獨背上一帶五瓣梅花白

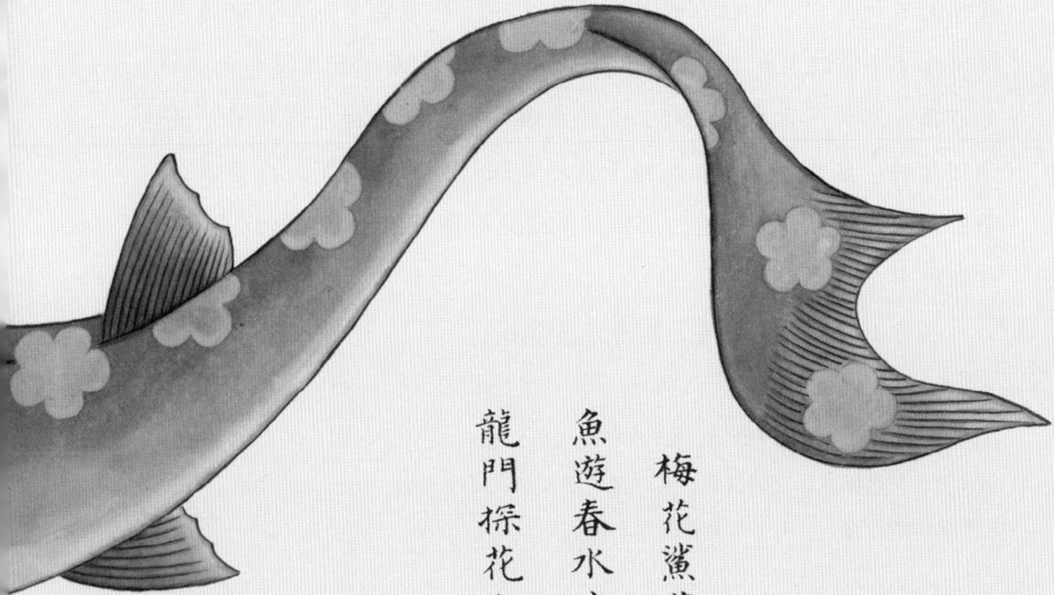

梅花鯊贊

魚遊春水　沾浪裏梅
龍門採花　衣錦榮歸

潜龙鲨

潜龙鲨赞：肉美称龙，甲黄比钱。网户得之，卜吉经年。

潜龙鲨，青色而有黄黑细点。头如虎鲨而圆，口上缺裂不平。背皮上有黄甲，六角如龟纹而尖凸，长短共三行。其肉甚美，切出有花纹，故比之龙云[1]。闽海尚少，偶然网中得之，渔人兆多鱼之庆，一年卜吉。大者入网即毙，小而活者，渔人往往放之。此鱼浙海无闻，广东甚多。其味美冠诸鱼，渔人往往私享，不售之市。即有售者，亦脔分其肉，即闽人亦不获睹其状。予访此鱼，凡七易其稿。续后福宁陈奕仁知其详，始订正。然黄甲六角而尖起，平画失其本等[2]。今特全露背甲，使边旁侧处斜，显其尖，即正面亦于色之浅深描写形之高下。画虽不工，而用意殊费苦心，识者辨之。张汉逸谓此鱼即鲟鳇之类。然鲟鱼鼻长，口在腹下，今此鱼不然。

屈翁山[3]《广东新语》载潜龙鲨甚详。

[1] 此处的“云”为语气助词。[2] 本等：本来，原来。[3] 屈翁山：屈大均（1630—1696），初名邵龙，又名邵隆，号非池，字骚余，又字翁山、介子，号菜圃，明末清初著名学者、诗人，有“广东徐霞客”的美称。

| 译文 |

潜龙鲨，青色而有黄黑细点。它的脑袋像虎鲨但比较圆，口上缺裂不平。其背皮上有尖凸着呈龟纹一样六角形的黄甲，长长短短的尖刺一共有三行。

它的肉质鲜美，切出来有花纹，所以人们把它比作龙。这种鱼在福建海域比较少见，偶然用网捕获，渔民多认为这是能捕到很多鱼的好兆头，预示着一年大吉。大的潜龙鲨进入网中就会死掉，小的还活着的，渔民往往放生。这种鱼在浙江沿海很少有人知道，但在广东有很多。它的味道比其他鱼都好，渔民往往自己私下里享用，不拿到市面上出售。就算有拿去出售的，也是把肉切开卖，即便是福建当地人也没机会见到它的全貌。我到处寻访这种鱼，前后七次更改画稿。后来福宁的陈奕仁将其所知均娓娓道来，这才订正定稿。然而它的黄甲是六角而凸起的，平着画就失去了它本来的样子，现在特地画成全露背甲的样子，使鱼背侧斜着，以显现它是尖的，即使画正面，也通过颜色的深浅描绘出形状的高低。我画得虽然不精巧，但也颇费了一番苦心，希望有识之士能明白我的一片苦心。张汉逸说这种鱼应该是鲟鳇之类的鱼。可是鲟鱼鼻子长，口在腹下，现在这种鱼则不是这样。

屈大均的《广东新语》里记载潜龙鲨非常详细。

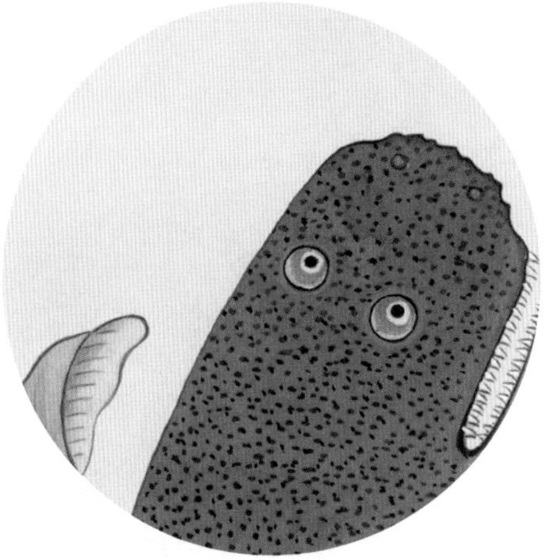

潛龍鯊青色而有黃黑細點頭如虎鯊而圓口上缺裂不平背皮上有黃甲六角如龜紋而尖凸長短共三行其肉甚美切出有花紋故比之龍云閩海尚少偶然網中得之漁人兆多魚之慶一年卜吉大者入網即斃小而活者漁人往往放之此魚浙海無聞廣東甚多其味美冠諸魚漁人往往私享不售之市即有售者亦臠分其肉即閩人亦不獲覩其狀予訪此魚凡七易其稿續後福寧陳奕仁知其詳始訂正然黃甲六角而尖起平畫失其本等今特全露背甲使邊旁側處斜顯其尖即正面亦於色之淺深描寫形之高下畫雖不工而用意殊費苦心識者辨之張漢逸謂此魚即鱘鰉之類然鱘魚鼻長口在腹下今此魚不然　屈翁山廣東新語載潛龍鯊甚詳

潛龍鯊贊

肉美稱龍　甲黃比錢

網户得之　卜吉經年

黄昏鯊頭亦如雲頭但色白灰
而背有白點其魚大者長四五
尺其肉不美漁人不樂有也
黄昏鯊賛
夕陽真好惜近黄昏
唐人詩意魚竊其名

黄昏鲨

黄昏鲨赞：夕阳真好，惜近黄昏。唐人诗意，鱼窃其名。

黄昏鲨，头亦如云头，但色白灰，而背有白点。其鱼大者长四五尺，其肉不美，渔人不乐有也。

|译文|

黄昏鲨，脑袋很像云头鲨，只是颜色白灰，背上有白点。这种鱼大的长四五尺，它的肉味道不美，渔民不喜欢捕捞。

犁头鲨

犁头鲨赞：鲨名犁头，确肖农器。海变桑田，鲛人是利。

犁头鲨，嘴尖头阔，如犁头状。其身翅与诸鲨同，肉亦细。按：犁头及云头、双髻，其口皆在腹下，腮左右各五窍，鼻窍上下相通，尾閰之窍并大，故皆胎生。

｜译文｜

犁头鲨，嘴尖头宽，像犁头的形状。它的身体和鱼翅跟别的鲨鱼一样，肉也很细腻。按：犁头鲨、云头鲨、双髻鲨的口都在腹下，腮左右各有五孔，鼻孔上下相通，尾巴根部的孔也很大，因此可知它们都是胎生的。

犂頭鯊嘴尖頭濶如犂頭狀其身翅與諸鯊同肉亦細按犂頭及雲頭雙髻其口皆在腹下腮左右各五竅鼻竅上下相通尾閭之竅並大故皆胎生

犂頭鯊賛

鯊名犂頭確肖農器
海變桑田鮫人是利

云头鲨

云头鲨赞：鲨首云冲，腾起虚空。问欲何为，曰予从龙。

云头鲨，头薄阔一片如云状，虽似双髻而色稍黑，较双髻为略大，大亦止三斤内外，又名“黄昏”。其味不甚美。按：鲨中云头、双髻，其状可为奇矣。而《尔雅翼》不载，止云鲨有二种，而诸类书亦因略之。盖著书先贤多在中原，实未尝亲历边海，不得亲睹海物也。张汉逸曰：“鲨名甚多，匪但中原人士不及知，即吾闽中亦不能尽识。”予老于海乡，略知一二，请于双髻、云头而外，更为举而辨之。如《尔雅翼》所云，大者为胡鲨，谓长喙如锯，则指鲭鲨矣。不知胡鲨自有胡鲨，非鲭鲨也。胡鲨最大者可合抱，其色背青而肚纯白。其肉亦白。无赤肉夹杂者名“白胡”，最美。头鼻骨皆软，肥脆。其翅极美，肚胜猪胃。闽省人多切以为脍，为下酒佳品。又有水鳍鲨，状如胡鲨，但肉不坚，烹之半化为水，名“破布鲨”，价廉于胡。又有油鲨，肉多膏，烹食胜他鲨。而总以潜龙鲨为第一。

|译文|

云头鲨，头部又扁又宽，像一片云朵的样子，很像双髻鲨，但颜色稍黑，比双髻鲨略大，这种鱼大的也仅仅三斤左右，又叫“黄昏鲨”。它的味道不是很好。按：鲨鱼中的云头鲨、双髻鲨，它们的样子都很奇怪。而《尔雅翼》里没有记载，只是说鲨鱼有两种，众多的类书也记载得很简略。大概因为著

书的先贤多居住在中原地区，不曾亲历边海，没有机会亲眼见到海洋生物。张汉逸说：“鲨鱼的名称非常多，不但中原人士不太知道，就是我们福建地区的人也不能全认识。”我一辈子生活在海边，对鲨鱼略知一二，请允许我在双髻鲨、云头鲨之外，再举例辨析。像《尔雅翼》里所说的，大的是胡鲨，说它长嘴如锯，这就是指鲭鲨了。却不知胡鲨自有胡鲨之种，不是鲭鲨。胡鲨最大的有两人合抱那么粗，它的背呈青色，肚子纯白。它的肉也是白的。没有红肉夹杂的名叫“白胡”，味道最美。它头鼻骨都是软的，又肥又脆。它的鱼翅味道极美，肚（dǔ）的味道胜过猪肚（dǔ）。福建人多切来做成鱼片，是下酒的佳品。又有水鳝鲨，样子像胡鲨，但肉不够坚实，一炖就有一半化成了水，名为“破布鲨”，价格低于胡鲨。又有油鲨，肉中多脂肪，炖着吃胜过其他鲨鱼。但总体来说，潜龙鲨之味美在鲨鱼中首屈一指。

知胡鯊自有胡鯊非鋸鯊也胡鯊最大者可合抱其色背青而肚純白其肉亦白無赤肉夹雜者名白胡最美頭鼻骨皆軟肥脆其翅極美肚勝猪胃閩省人多切以為膾為下酒佳品又有水鰭鯊狀如胡鯊但肉不堅烹之半化為水名破布鯊價廉於胡又有油鯊肉多膏烹食勝他鯊而總以潛龍鯊為第一

雲頭鯊贊

鯊首雲冲騰起虛空
問欲何為曰予從龍

雲頭鯊頭薄濶一片如雲狀雖似雙髻而色稍黑較雙髻為畧大大亦止三觔內外又名黃昏其味不甚美按鯊中雲頭雙髻其狀可為奇矣而爾雅翼不載止云鯊有二種而諸類書亦因畧之盖著書先賢多在中原實未嘗親歷邊海不得親覩海物也張漢逸曰鯊名甚多匪但中原人士不及知即吾閩中亦不能盡識予老於海鄉畧知一二請於雙髻雲頭而外更為舉而辨之如爾雅翼所云大者為[illegible]

双髻鲨

双髻鲨赞：龙宫稚婢，头挽双髻。龙母妒逐，不敢归第。

双髻鲨，亦如云头而小。身微灰色而白，不易大。肉细骨脆而味美。

| 译文 |

双髻鲨，长得像云头鲨但比它体形小。它的身体略泛灰白色，一般长不大。它的肉细骨脆而味道美。

雙髻鯊亦如雲頭而小身微灰色而白不易大肉細骨脆而味美

雙髻鯊贊

龍宮稗婢頭挽雙髻

龍母妒逐不敢歸第

方头鲨

方头鲨赞：鲨现方头，生民何幸！海不扬波，四方平定。

方头鲨，如凿形而头方。产温州平阳海中，亦广有而大，有重二三百斤者。闽中罕有。同一海也，而鱼类不同若此。

| 译文 |

方头鲨，外形像凿子而头是方的。它产于温州平阳海中，这种鲨鱼也数量众多，体形庞大，有的甚至重达二三百斤。福建地区不常见。在同一片海里，鱼的种类竟有如此不同。

白　鲨

白鲨赞：诸鲨皆黑，尔色独白。郭璞见知，其名在昔。

白鲨，身白，背有黑点，而翅微红。产闽海，其味美，一名“武夷鲨”，志书无其名，不知何所取义也。《尔雅翼》止称鲨有二种，曰“胡鲨”，曰“白鲨”。鲨名甚多而此独见知于古人，何其幸也！

| 译文 |

白鲨，身体呈白色，背上有黑点，而翅微红。它产于福建海域，味道很美。这种鲨鱼也叫“武夷鲨”，方志书里没有这种称呼，不知道取的是哪方面的含义。《尔雅翼》里仅仅说鲨鱼有两种，分别叫“胡鲨”和“白鲨”。鲨鱼的名目非常多，单单这种鲨鱼的名字能被古人所熟知，它是多么幸运啊！

白鯊身白背有黑點而翅微紅產閩海其味美一名武夷鯊誌書無其名不知何所取義也爾雅翼止稱鯊有二種曰胡鯊曰白鯊鯊名甚多而此獨見知於古人何其幸也

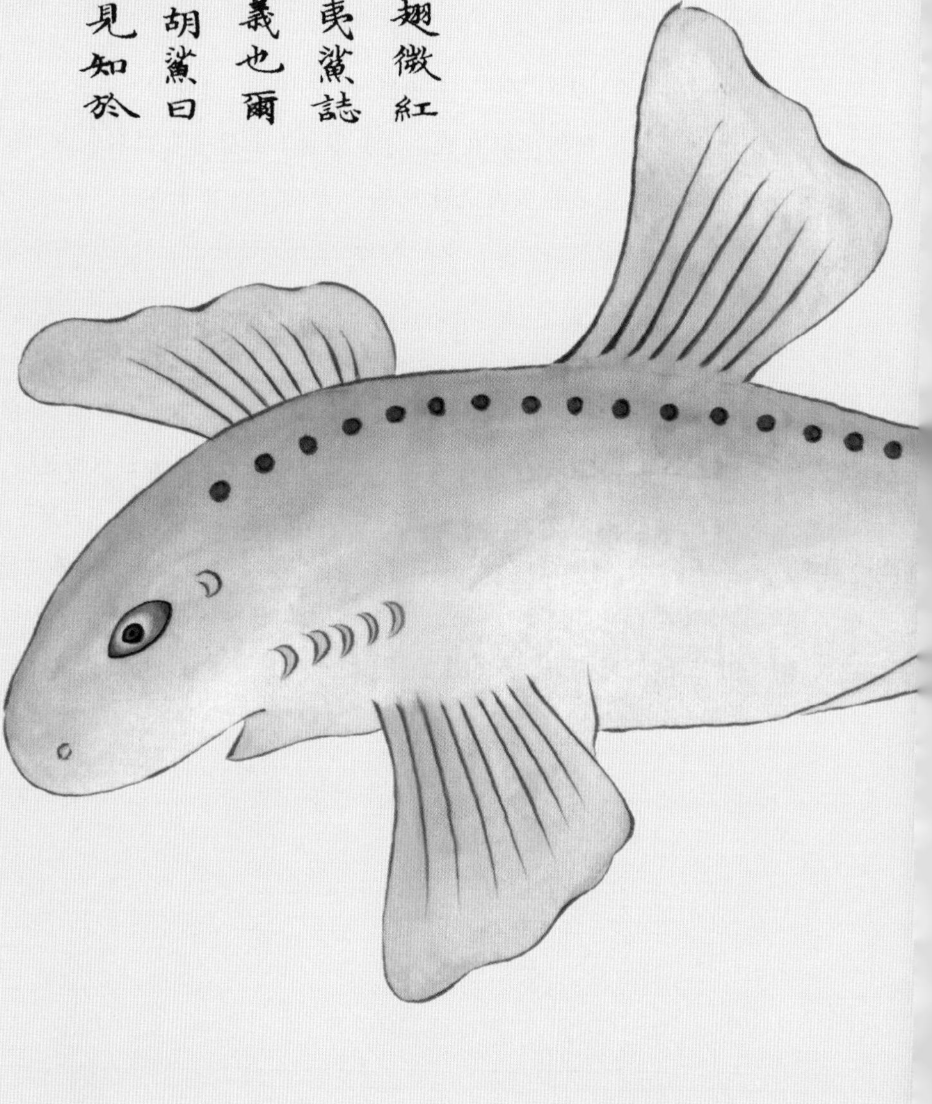

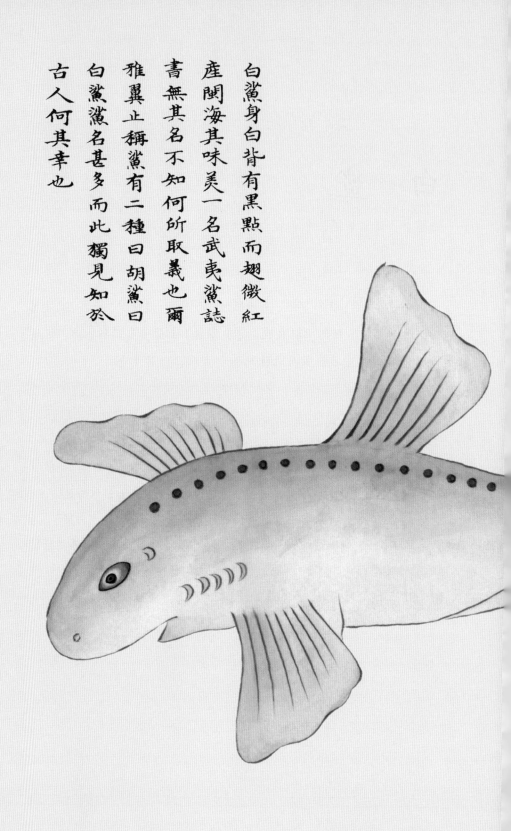

白鯊贊
諸鯊皆黑
爾色獨白
郭璞見知
其名在昔

方頭鯊如鑿形而頭方產温州平陽海中亦廣有而大有重二三百斤者閩中罕有同一海也而魚類不同若此

方頭鯊贊
鯊現方頭
生民何幸
海不揚波
四方平定

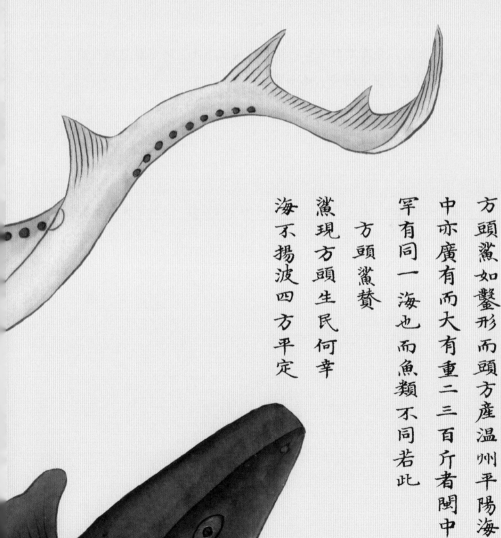

猫鲨、鼠鲨

猫鲨鼠鲨共赞：猫鲨如猫，鼠鲨如鼠。海底同眠，何难共乳？

猫鲨，头圆，身有黑白点如豹纹。此鲨至难死，离水数日肉难腐，挞[1]之尚能作声。鼠鲨嘴尖，略如鼠。

[1] 挞（tà）：用鞭、棍等抽打。

| 译文 |

猫鲨，头是圆的，身上有黑白点像豹子身上的花纹。这种鲨鱼生命力特别强，离开水好多天肉也不会腐烂，抽打它尚能发出声响。鼠鲨嘴尖，样子大致像老鼠。

猫鯊鼠鯊共賛

猫鯊如猫鼠鯊如鼠
海底同眠何難共乳

鼠鯊

猫鯊頭圓身有黑白點如豹紋此鯊至難死離水數日內難腐撻之尚能作聲鼠鯊嘴尖畧如鼠

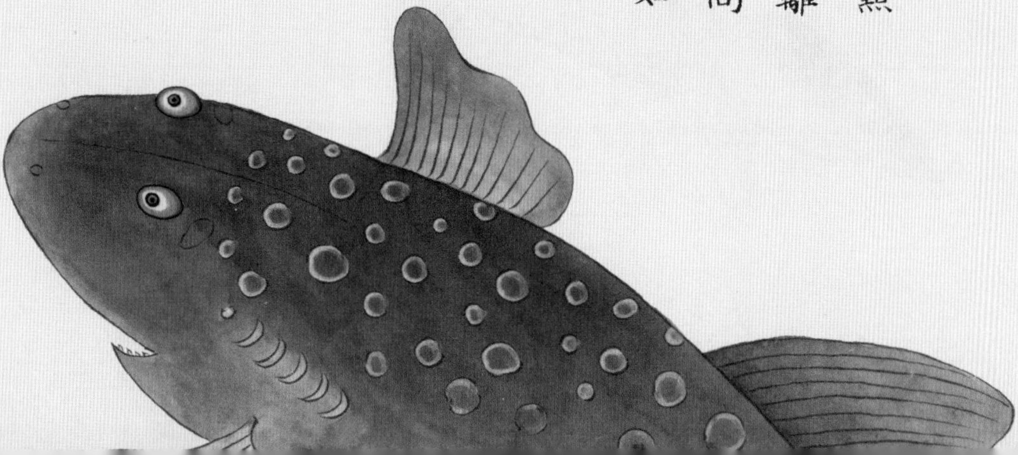

龍門撞亦鯊魚之名其背黑白相間其肉嫩甚美張漢逸曰此魚即鮪也詩鱣鮪發發指河中之魚也今此魚不止在海必能入河入河則可達龍門矣故曰龍門撞

龍門撞贊

滄溟大海任從魚躍

不撞龍門焉能騰達

龙门撞

龙门撞赞：沧漭大海，任从鱼跃。不撞龙门，焉能腾达？

龙门撞，亦鲨鱼之名。其背黑白相间。其肉嫩，甚美。张汉逸曰：“此鱼即鲔[1]也。”《诗》“鳣鲔发发[2]”，指河中之鱼也。今此鱼不止在海，必能入河，入河则可达龙门矣，故曰“龙门撞”。

[1] 鲔（wěi）：鲟鱼。[2] 鳣（zhān）鲔发发（bō bō）：鳣，大鲤鱼。发发，亦作“泼泼”，鱼盛多的样子。语出《诗经·卫风·硕人》。

｜译文｜

龙门撞，也是鲨鱼的名字。这种鱼的背部黑白相间。其肉质鲜嫩，味道非常美。张汉逸说：“这种鱼正是鲔鱼。”《诗经》里的“鳣鲔发发”，指的是河里的鱼。由此可知这种鱼应该不仅仅生活在海里，还能进入江河中，进入河里就能到达龙门，所以叫“龙门撞”。

跨 鲨

跨鲨赞：熊伸鹤引，修炼有候。跨鲨效之，必得其寿。

跨鲨，诸书不载。访之闽海渔人，云："海中至大之鲨也，有白跨、黑跨二种。白跨尤大，头如山岳，可四五丈，身长数十丈，出没于大洋中，可以吞舟。其次亦长三五丈不等。头身俱有撮嘴[1]生其上，触物如坚甲之在身，网罟[2]所不能罗。即初生小鲨亦重五六十斤。或有随潮误厄于浅滩者，渔人往往取其油以为膏火[3]之用，不堪食也。"鲨曷以"跨"名？以其在海常昂首跃起，悬跨于洪波巨浪中如筋斗状，头尾旋转于水面。或百十为群，前鲨翻去，后鲨踵至。白浪滔天，山岳为之动摇，日月为之惨暗，渔舟遥望，往往惊怖。愚按：熊肥则常上高树而自堕于地者数数[4]，名曰"跌肥"。非此则气血胀满难堪矣。今大鲨不顺水而游，乃鼓勇而跨，或亦与跌肥之意同。熊鹤伸引[5]似符道家修养法，并能寿[6]，而鲨亦肖之，是以能永年为海中大物也。《汇苑》：吞舟之鱼曰"摩竭"。"摩竭"二字或于跨鲨用力拟议[7]，亦未可知。《字汇·鱼部》有"鲚鲂"字。

---

[1] 撮嘴：即藤壶，一种有石灰质硬壳的节肢动物。[2] 罟（gǔ）：网。[3] 膏火：灯油。[4] 数数（shuò shuò）：屡次。[5] 熊鹤伸引：熊与鹤拉伸身体。古人常模仿熊鹤伸引作为养生的手段，著名的"五禽戏"，就是模仿虎、鹿、熊、猿、鸟的动作以达到强身养生的目的。[6]《庄子·刻意》："熊经鸟申（伸），为寿而已矣。"[7] 作者从"摩"和"竭"这两个字的字面意思认为"摩竭"这个词是根据跨鲨用力的样子琢磨出来的，恐有望文生义之嫌。"摩竭"一词其实是梵语音译，指鲨鱼之类的大鱼或鲸，亦作"摩伽罗"。

| 译文 |

跨鲨，各种书里都没有记载。向福建海域的渔民询问调查，他们说："跨鲨是海中最大的鲨鱼，有白跨、黑跨两种。白跨更大，脑袋像山岳，大约四五丈，身长几十丈，出没于大洋中，可以把舟船吞下去。小一点儿的也长三五丈不等。脑袋和身体寄生有大量藤壶，就像在身上披了一层坚硬的铠甲，触物毫发无损，渔网没法捉到它。即便是刚出生的小跨鲨也重达五六十斤。有的随着潮水误困在浅滩上，渔夫往往取它的油熬为灯油使用，它的肉不能食用。"这鲨鱼为什么以"跨"命名呢？因为它在海中常昂首跃起，悬跨于洪波巨浪中像翻筋斗的样子，头和尾巴在水面旋转。有时百十成群，前面的鲨鱼翻过去，后面的接踵而至。白浪滔天，山岳为之动摇，日月为之黯淡，在渔船上远远望去，往往令人惊恐万分。愚按：熊如果肥胖了，就经常爬上高树屡次往地上摔，这种行为被人们称为"跌肥"。如果不这样做就会气血膨胀难以忍受。现在大鲨鱼不顺水而游，而是鼓足勇气悬跨翻筋斗，或许也跟熊"跌肥"的用意相同。熊鹤伸引肢体似乎合乎道家的修炼养生方法，都能延年益寿，而鲨鱼的行为正跟这个道理相似，因此它能长寿，成为海洋中体形庞大的生物。《汇苑》里说：能把船吞下的鱼叫"摩竭"。"摩竭"二字或者是从跨鲨用力的样子琢磨出来的也未可知。《字汇·鱼部》有"鲄鲅"二字。

為之慘暗漁舟遥望往往驚怖愚按熊肥則常上高樹而自墮於地者數數名曰跌肥非此則氣血脹滿難堪矣今大鯊不順水而遊乃鼓勇而跨或亦與跌肥之意同熊鶴伸引似符道家脩養法並能壽而鯊亦肖之是以能永年為海中大物也彙苑呑舟之魚曰摩竭摩竭二字或於跨鯊用力擬議亦未可知字彙魚部有鮬鮍字

跨鯊贊

熊伸鶴引　脩煉有候
跨鯊效之　必得其壽

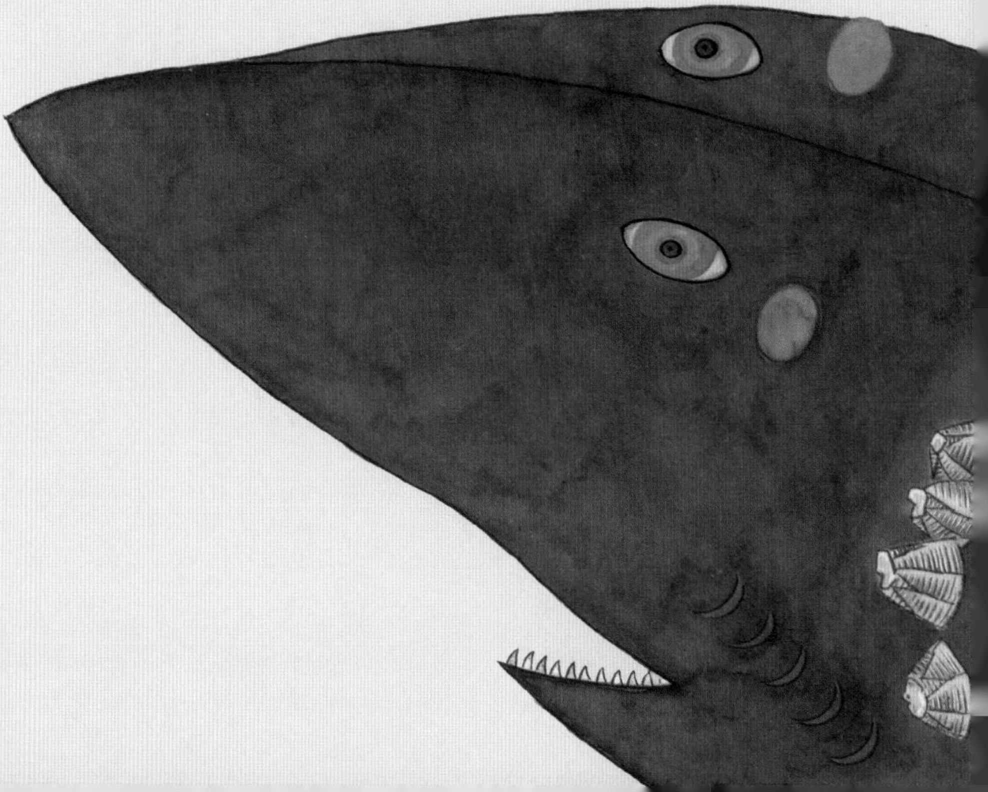

跨鯊諸書不載訪之閩海漁人云海中至大之鯊也有白跨黑跨二種白跨尤大頭如山岳可四五丈身長數十丈出沒於大洋中可以吞舟其次亦長三五丈不等頭身俱有撮嘴生其上觸物如堅甲之在身經罟所不能羅即初生小鯊亦重五六十斤或有隨潮誤戹於淺灘者漁人往往取其油以為膏火之用不堪食也鯊曷以跨名以其在海常昂首躍起懸跨於洪波巨浪中如觔斗狀頭尾旋轉于水面或百十為羣前鯊翻去後鯊踵至白浪滔天山岳為之動搖日月

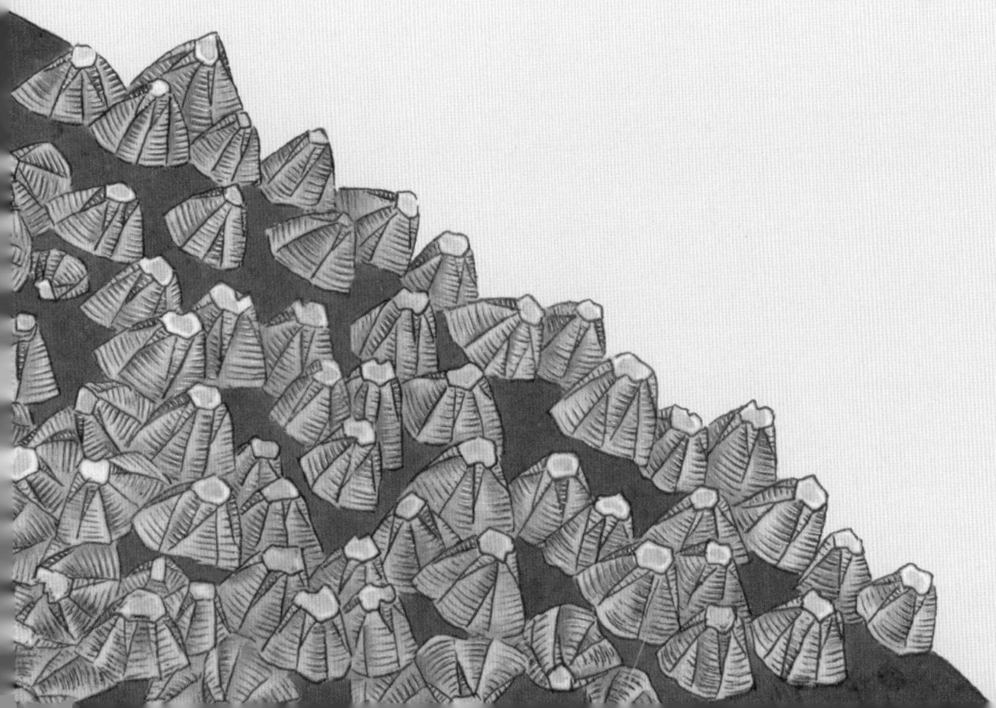

瓜子肉

瓜子肉赞：鱼未成鱼，小称瓜子。头大尾尖，取其所似。

鲳鱼初生曰“瓜子肉”，以盐腌之，称海物上品，闽人云其味甚美。正取其小而不成鱼，故以“瓜子肉”比之。《字汇·鱼部》有“鲔[1]”字，鱼之未成者也。此鱼可以配“鲔”字。

[1] 鲔：音wèi。

｜译文｜

鲳鱼刚刚出生的时候叫“瓜子肉”，用盐腌制，堪称海产中的上品，福建人说它的味道非常美。正是取其小而不成鱼的特点，所以用“瓜子肉”来比喻它。《字汇·鱼部》有“鲔”字，指没有长成的鱼。鲳鱼对应“鲔”这个字恰如其分。

䱔魚初生曰瓜子肉以鹽醃之稱海物上品閩人云其味甚美正取其小而不成魚故以瓜子肉比之字彙魚部有鮇字魚之未成者也此魚可以配鮇字

瓜子肉贊

魚未成魚小稱瓜子
頭大尾尖取其所似

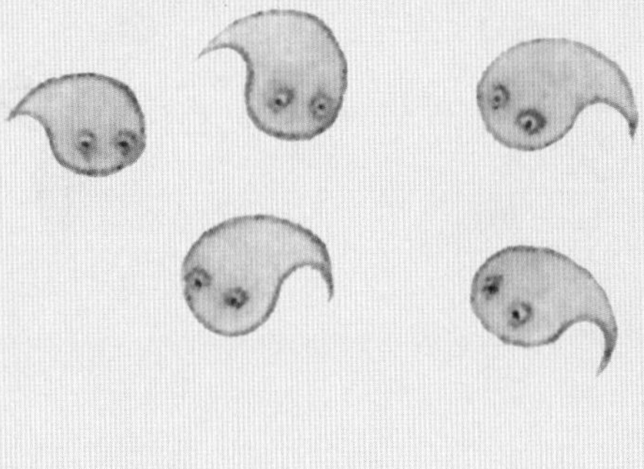

鮮魚半大長二三寸者背雖有刺而皮尚無沙名掬鎗如負鎗也亦可食泉州志載有鎗魚或即是歟

掬鎗賛

掬鎗戍海日夜荷戈
比之赬尾我勞如何

掏　枪

掏枪赞：掏枪戍海，日夜荷戈。比之赪尾，我劳如何？

鲆鱼半大，长二三寸者，背虽有刺，而皮尚无沙，名“掏枪”，如负枪也。亦可食。《泉州志》载有“枪鱼”，或即是欤？

｜译文｜

鲆鱼半大未成熟时，长二三寸，背上虽然有刺，但皮上还没有沙状凸起。世人称它为“掏枪”，只因它的样子像背着杆长枪。它的肉也可以食用。《泉州志》载有“枪鱼”，莫非就是这种鱼？

鲱　鱼

鲱鱼赞：鱼头参政，甲胄在身。出入将相，吞吐丝纶。

鲱鱼亦鲨类也，背腹有刺而皮上有硬沙，肉甚美，长不过六七寸。木师、矢人[1]多取其皮以为磨鑢[2]之用。连江陈龙淮《海鱼赞》所谓“鲱鱼鑢皮，荷戈藏匕”是也。此鱼皮沙细不堪饰刀，止堪代砻错[3]之资。产闽海而《闽志》无其名，《尔雅》、类书亦缺载。《字汇》：“鲱音卓”，但注曰“鱼名”，亦不详载何鱼。《字汇》又载“鳍”字，云亦鲛也。《汇苑》称其子朝出暮入，疑“鲱”本“鳍”字。或陈龙淮误称为“鲱”，亦未可知。盖凡鱼之得名，大半多因字立义，如鲳，锯也，即鲳鲨也；鲼，愤也，即魟鱼别名，其刺怒则螫物；鲨，沙也，皮上有沙；鲥，时也，鲥以四月至；鯼，棕也，石首鱼本名“鯼”，头骨有纹如棕纹交差；鲫，即河豚也，背上有纹如印；鲇，黏也，鲇鱼多涎善黏；鲸，京也，大也，鲸为海中大鱼[4]；魛，刀也，即鮆鱼，其形如刀：皆因字取义。然则“鳍”，错也，其皮可代磨错之用，庶几于义不悖。

[1] 矢人：造箭的工匠。[2] 鑢（lǜ）：磋磨骨角铜铁等使之光滑的工具。也有磨治、打磨的意思。[3] 砻（lóng）错：磨治。亦作“礲（lóng）错”。[4] 古人不知道鲸是哺乳动物，以为它是鱼类。

| 译文 |

鲆鱼也属于鲨鱼一类，它的背部和腹部有刺而皮上有坚硬的沙状凸起，肉的味道非常美，长不过六七寸。木匠、造箭的工匠多取它的皮来制作打磨的工具。正如连江陈龙淮在《海鱼赞》里所说的“鲆鱼鱇皮，荷戈藏匕”。这种鱼皮上的沙比较细，不适合装饰刀剑，只能用作打磨工具的材料。这种鱼产自福建海域但《闽志》里没有谈及，《尔雅》、类书里也缺乏记载。《字汇》里说“‘鲆’读音为‘卓’”，只解释说是“鱼名”，也没说清楚是哪种鱼。《字汇》里还收录了“鳍”字，说也是鲛。《汇苑》里说这种鱼的幼崽早上游出去，晚上游回母鱼的肚子里，我怀疑“鲆”字本来是“鳍”字。或者陈龙淮误称它为“鲆”也未可知。凡是鱼的命名，大半是因字立义，如鳐，是“锯”的意思，即鳐鲨；鲼，是“愤”的意思，是魟鱼的别名，因它在发怒的时候就会蜇别的东西；鲨，是“沙”的意思，因它皮上有沙；鲥，是“时”的意思，因鲥鱼在四月到来；鯼，是“棕”的意思，因石首鱼本名叫“鯼鱼”，它的头骨有像棕纹一样交错的花纹；鲫鱼，就是河豚，因它的背上有印章一样的纹理；鲇，是“黏”的意思，因鲇鱼能分泌很多涎液而且非常黏；鲸，是“京”的意思，也就是“大”的意思，表示鲸是海中的大鱼；鱽，是“刀”的意思，鱽鱼就是鮆鱼，它的外形像刀一样：这些都是因字取义。这么说来，“鳍”是“错”的意思，它的皮可代替磨错当作打磨的工具使用，大体是符合其字义的。

魟魚別名其刺怒則螫物鯊沙也皮上有沙鰣時也鰣以四月至鮻棱也石首魚本名鮻頭骨有紋如棱紋交差鯽即河豚也背上有紋如印鮎黏也鮎魚多涎善黏鯨京也大也鯨爲海中大魚魛刀也即鱭魚其形如刀皆因字取義然則鯌錯也其皮可代磨錯之用庶幾於義不悖

鯌魚贊

魚頭參政甲胄在身

出入將相吞吐絲綸

鯙魚亦鯊類也背腹有刺而皮上有硬沙肉甚美長不過六七寸木師矢人多取其皮以為磨鑢之用連江陳龍淮海魚贊所謂鯙魚鑢皮椅戈藏匕是也此魚皮沙細不堪飾刀止堪代礱錯之資產閩海而閩志無其名爾雅類書亦缺載字彙鯙音卓但註曰魚名亦不詳載何魚字彙又載鯌字云亦鮫也彙苑稱其子朝出暮入疑鯙本鯌字或陳龍淮誤稱為鯙亦未可知蓋凡魚之得名大半多因字立義如鋸鋸也即鋸鯊也鰿憤也即

人見之葢其身大力猛有可變之象本草缺載虎鯊遂以魚虎亦能變虎不知魚虎最大不過六七寸其能變虎乎謬甚矣

康熙二十七年七月嘉興乍浦海灘上有虎鯊跌成黑虎形成之後遂走入勝塘閘橋人聚衆逐之無所遯逃避入東廁遂死乍浦多有虎鯊變虎之事其事不一

虎鯊贊

魚以虎始　還以虎終
出乎其類　更化毛蟲

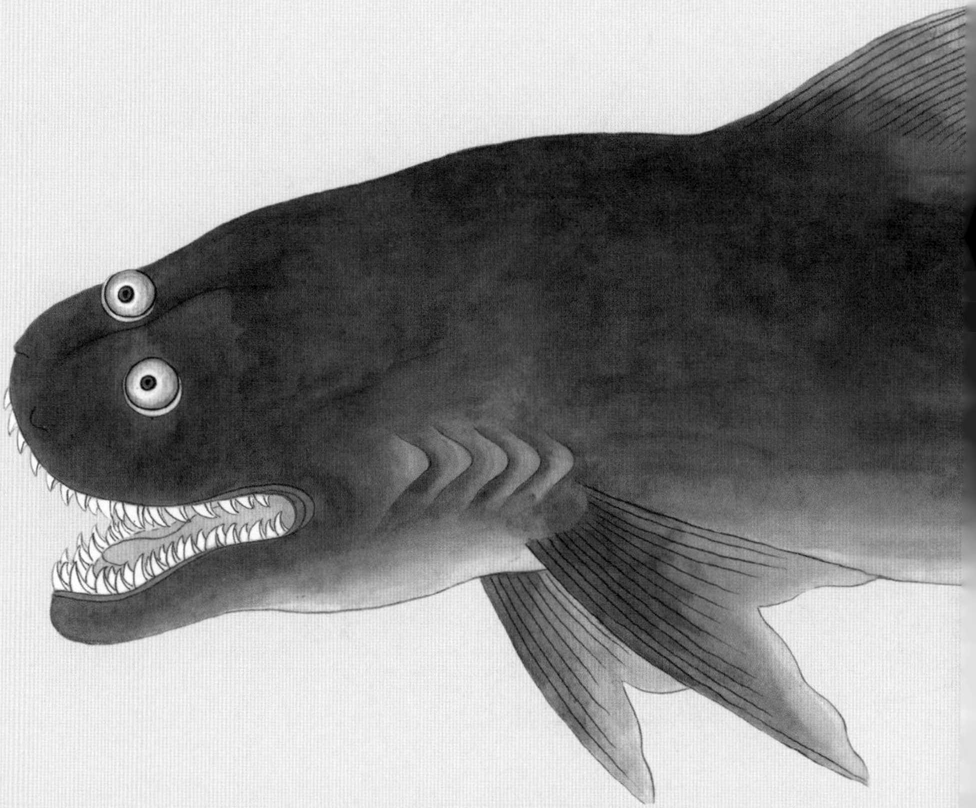

彙苑云海鯊虎頭體黑紋鼈足巨者重二百觔嘗以春晦陟於海山之麓旬日而化為虎惟四足難化經月乃成或謂虎紋直而疎且長者海鯊所化也紋短而炳炳成章者此本色虎也按海鯊多潛東南深水海洋身同鯊魚而粗肥頭絶類虎而口尤肖凡虎口之寬雌者直至其耳今虎鯊大口正像之口内有長牙四顆虎門牙其餘小齒滿口上下凡四五重開海中巨鰍之牙亦然海人云虎鯊在海無所不食諸魚咸畏其牙至利舟人或就海水濯足每受虎鯊之害然牙雖利又最惜牙網罟羅其身彼常肆力冲突漏網而去若網繩偶牽其牙則不敢動聽漁人一舉而起矣其肉亦可食驗止有翅而無鼈足狀彙苑不知何所據也變虎之説果真多有

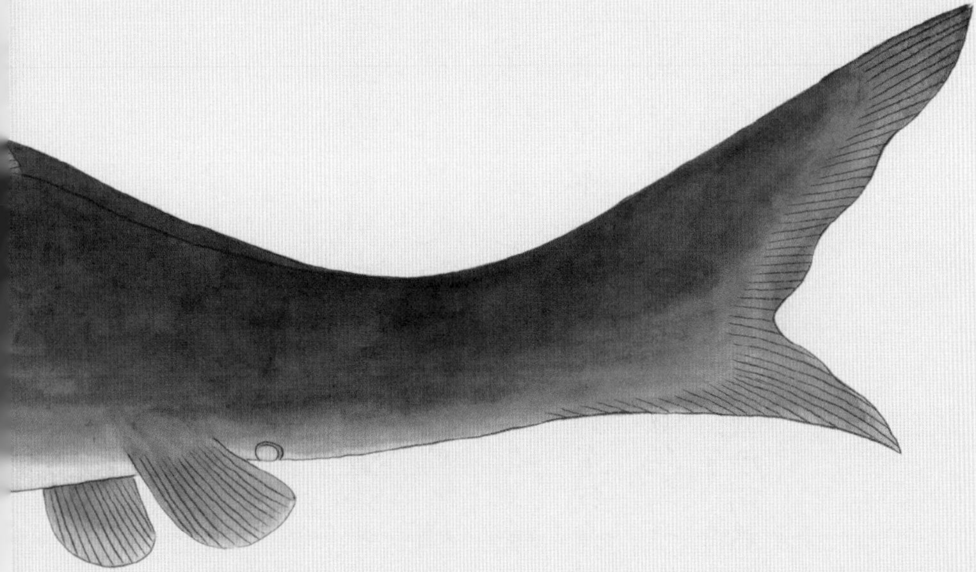

廣東雷州誌載鯊魚有三種虎鋸而外更有鹿鯊未識其狀不及圖山東文登誌載海牛島在縣東海中海牛無角長丈餘紫色足似鱉尾若鲇魚性最疾見人則飛赴水皮堪弓鞬脂可燃燈又有海驢島與海牛島相近海驢常以八九月上島産乳其皮可以禦雨又有海狸亦上牛島産乳逢人則化為魚入於水登州又有海狗四譯考載朝鮮海中産海豹北塞海洋亦産海豹海狗海驢海牛而海獾海豬海象更莫不有焉臺灣大洋中有海馬形如馬作馬鳴其骨與牙可治血此予序中之所謂山之所産海常兼之歷歷可舉以驗者如此然雖不及見亦必訪圖并採其說以附於此

虎　鲨

虎鲨赞：鱼以虎始，还以虎终。出乎其类，更化毛虫。

《汇苑》云：海鲨，虎头，体黑纹，鳖足，巨者重二百斤。尝以春晦陟于海山之麓，旬日而化为虎。惟四足难化，经月乃成。或谓虎纹直而疏且长者，海鲨所化也；纹短而炳炳[1]成章者，此本色虎也。按：海鲨多潜东南深水海洋，身同鲨鱼而粗肥，头绝类虎，而口尤肖。凡虎口之宽，雌者直至其耳，今虎鲨大口正像之。口内有长牙四，类虎门牙，其余小齿满口，上下凡四五重。闻海中巨鳅之牙亦然。海人云：虎鲨在海，无所不食，诸鱼咸畏。其牙至利，舟人或就海水濯足，每受虎鲨之害。然牙虽利，又最惜牙。网罟罗其身，彼常肆力[2]冲突，漏网而去。若网绳偶牵其牙，则不敢动，听[3]渔人一举而起矣。其肉亦可食。验止有翅而无鳖足状，《汇苑》不知何所据也。变虎之说，果真多有人见之？盖其身大力猛，有可变之象。《本草》缺载虎鲨，遂以鱼虎亦能变虎。不知鱼虎最大不过六七寸，其能变虎乎？谬甚矣！

康熙二十七年[4]七月，嘉兴乍浦海滩上有虎鲨跌成黑虎，形成之后遂走入胜塘关。桥人聚众逐之。无所遁逃，避入东厕[5]，遂死。乍浦多有虎鲨变虎之事，其事不一。

广东《雷州志》载：鲨鱼有三种，虎锯而外，更有鹿鲨。未识其状，不及图。山东《文登志》载：海牛岛，在县东海中。海牛无角，长丈余，紫色，足似鳖，尾若鲇鱼。性最疾，见人则飞赴水。皮堪弓鞬[6]，脂可燃灯。又有海驴岛，与海牛岛相近。海驴常以八九月上岛产乳[7]。其皮可以御雨。又有海狸，亦上牛岛产乳，逢人则化为鱼入于水。登州又有海狗。《四译考》载朝鲜海中产海豹，北塞海洋亦产海豹、海狗、海驴、海牛，而海獾、海猪、海象更莫不有焉。台湾大洋中有海马，形如马，作马鸣。其骨与牙可治血[8]。此予序中之所谓“山之所产，海常兼之[9]”。历历可举以验者如此。然虽不及见，亦必访图并采其说以附于此。

[1] 炳炳：光彩照耀，文采鲜明。[2] 肆力：竭尽力量。[3] 听：任凭。[4] 康熙二十七年：公元1688年。[5] 东厕：厕所。古代一般把厕所建在院子的东边，所以称“东厕”。[6] 鞬：装弓的口袋。[7] 产乳：分娩。[8] 治血：治疗出血。古人认为海马骨头和海马牙可以止血。[9] 山之所产，海常兼之：见《海错图序》。

| 译文 |

《汇苑》里说：海鲨，头像老虎，身体有黑纹，长着鳖足，大的重达二百斤。它在春末登上海边的山麓，十来天就变成了老虎。只是四只脚变化较慢，需要整整一个月才能成形。有人说，身上花纹又直又稀疏而且长的老虎，是海鲨所变；花纹短图案鲜明的，是本色的老虎。按：海鲨多潜在东南深水海洋里，身体跟鲨鱼一样但又粗又胖，脑袋非常像老虎，嘴尤其像。凡是老虎，虎口宽阔，雌虎更是直到耳朵，现在虎鲨的大嘴正像雌虎。它嘴里有四颗长牙，像老虎的门牙，其余的小齿满口，上下共有四五重。听说海中巨鳅的牙也是这样。常年生活在海边的人说：虎鲨在海里，没有不吃的，各种鱼都怕它。它的牙极其锋利，出海的船夫坐在船边用海水洗脚时，常常受到虎鲨的伤害。然而它虽然牙齿尖利，却又最爱惜牙齿。有渔网罩住了它，它常常竭尽全力冲撞突击，最终漏网而去。但如果网绳偶尔挂住了它的牙齿，它就不敢动了，任凭渔夫把它捞捕起来。它的肉也可以吃。经查验，它仅有鱼翅而没有鳖足，《汇苑》不知是依据什么而说的。关于它能变成老虎的说法，果真有很多人见到了吗？大概是因为它身大力猛，有能够变化的迹象。《本草》里缺少对虎鲨的记载，于是就认为鱼虎也能变成老虎。殊不知鱼虎最大的不过六七寸，它能变成老虎吗？太荒谬了！

康熙二十七年七月，嘉兴乍浦海滩上有虎鲨跌到岸上变成了黑虎，变形完成之后就跑入胜塘关。桥人聚众追赶它。它没地方遁逃，躲进厕所里就死掉了。乍浦有很多虎鲨变虎的故事，那些故事的说法都不一样。

广东《雷州志》记载：鲨鱼有三种，虎鲨和锯鲨之外，还有鹿鲨。我没见过它的样子，没能画出来。山东的《文登志》记载：海牛岛，在县东海中。海牛没有角，长一丈多，紫色，脚像甲鱼，尾巴像鲇鱼。这种鱼速度最快，见到人就飞进水中。它的皮可以做装弓的口袋，脂肪可以点灯。又有海驴岛，与海牛岛相近。海驴常在八九月的时候上岛分娩。它的皮可以遮风挡雨。还有海狸，也到海牛岛上分娩，遇到人就变成鱼进入水中。此外，还记载有海狗在登州出没。《四译考》里记载朝鲜海中产海豹，北塞海洋亦产海豹、海狗、海驴、海牛，而海獾、海猪、海象更是无所不有。我国台湾大洋中有海马，样子像马，发出马的叫声。它的骨头和牙齿可以止血。这就是我在序言中所说的“山上所产的，海里常常同时也有”。这些种种都可以举例进行验证，然而即使是那些没机会见到的，我也一定要寻找到图样，并把关于它的说法附在这里。

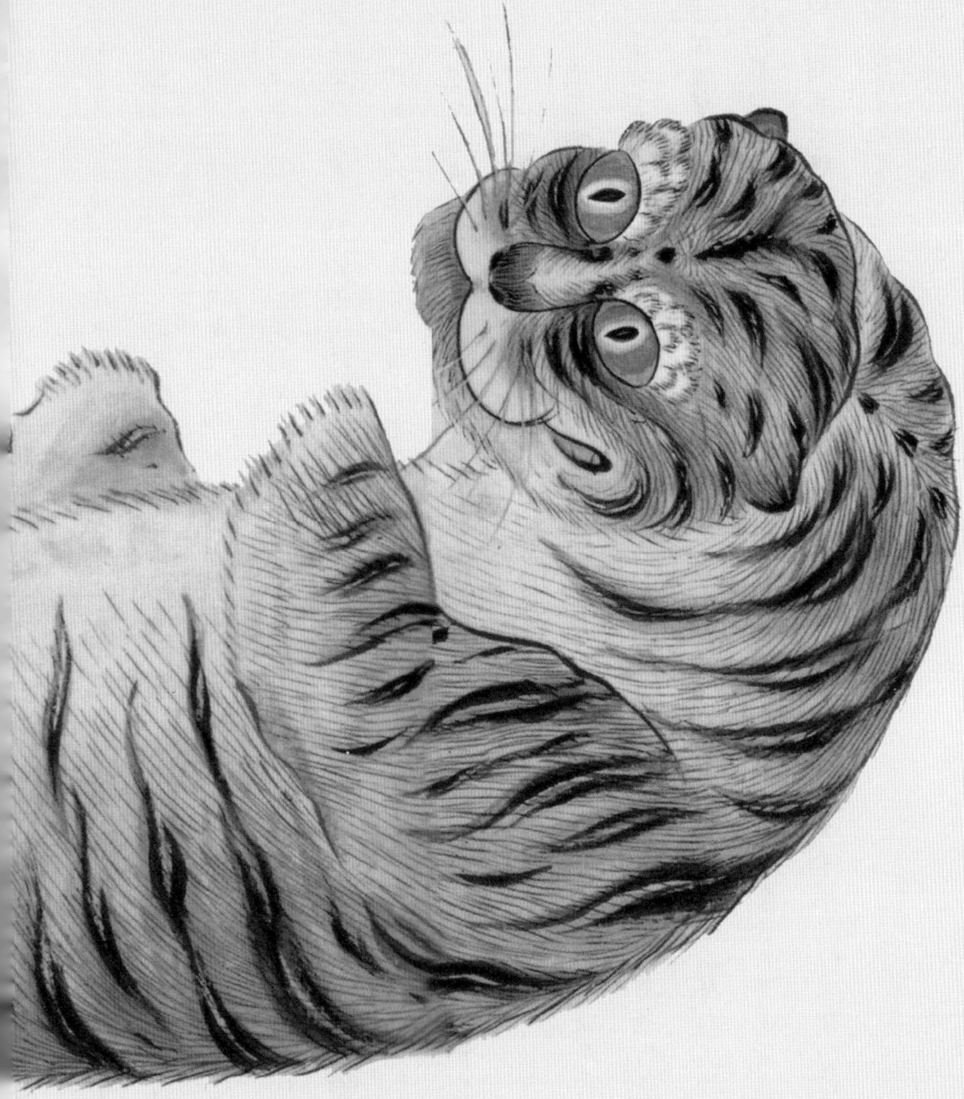

非鱗非介而有毛者為毛蟲虎亦毛蟲中之一物也而海虎之變自鯊特有異焉虎雖稱山君毛蟲三百六十屬又以麟為之長麟龍種也龍與牛交而生麒麟麟不世出而虎則常有世間應天地風雲氣象者莫如龍虎龍能與諸物交無所不生諸物亦能受龍之交而不相忤虎不能與諸物交即母虎止交一次不復再交使母虎樂交生息若牛馬物之受害者必多惡類不使繁生此造化之作用也况虎生三子必有一豹豹反能傷虎小虎畏之生至三則仍若有以尅制之造物総不使虎類盈滿天地間之明騐也然虎雖不繁生而人物變虎之事則又往往見於載籍如牛哀病七日而化為虎又宣城太守封邵化虎食郡民又乾道五年趙生妻病頭風忽化為虎頭又雲南彝民夫婦食竹中魚皆化為虎而予見聞録中所著虎卷近年以人變虎之事尤不一而鯊魚化虎之事附焉玆可述而証之順治辛丑武甲黄掄嘉興人也康熙二十年為福寧州城守述其先人於明嘉靖間一日過嘉興某處海塗忽見有一大魚躍上厓野人欲捕之以其大難以徒手得方欲走農舍取鋤棍等物而此魚在岸趺躍無休逾時諸人執器械往觀之則變成一虎狀毛足不全滚於地不能行莫不驚異有老人曰嘗聞虎鯊能變虎人不易見故不輕信今此虎正鯊所幻也令衆即以鋤棍木石擊殺之慮其足全則逸去必傷人矣四明宋皆寧紀其事如此予又嘗聞赤練蛇善化鱉故鱉腹赤者禁食其變也多在暑月有人常見自樹上團為圓體墜下地趺數十次成鱉形其變全在趺鯊之變虎也亦必趺可以互相引証字彙魚部有魤字凡魚之變化者皆可以此魤統之

鯊變虎贊

以魚幻獸四足難生丹青擱筆畫虎不成

鲨变虎

鲨变虎赞：以鱼幻兽，四足难生。丹青搁笔，画虎不成。

非鳞非介而有毛者为毛虫。虎亦毛虫中之一物也。而海虎之变自鲨，特有异焉。虎虽称山君，毛虫三百六十属，又以麟为之长。麟，龙种也。龙与牛交而生麒麟。麟不世出[1]，而虎则常有。世间应天地风云气象者，莫如龙虎。龙能与诸物交，无所不生。诸物亦能受龙之交而不相忤。虎不能与诸物交，即母虎止交一次，不复再交。使母虎乐交，生息若牛马，物之受害者必多。恶类不使繁生[2]，此造化之作用也。况虎生三子，必有一豹。豹反能伤虎，小虎畏之。生至三则仍若有以克制之，造物总不使虎类盈满天地间之明验也。然虎虽不繁生，而人物变虎之事则又往往见于载籍。如牛哀病七日而化为虎[3]；又宣城太守封邵化虎食郡民[4]；又乾道五年[5]赵生妻病头风，忽化为虎头[6]；又云南彝民夫妇食竹中鱼，皆化为虎[7]。而予《见闻录》中所著《虎》卷，近年以人变虎之事尤不一，而鲨鱼化虎之事附焉，兹可述而证之。顺治辛丑武甲[8]黄抡，嘉兴人也，康熙二十年[9]为福宁州城守[10]。述其先人于明嘉靖间，一日过嘉兴某处海涂，忽见有一大鱼跃上崖，野人[11]欲捕之，以其大，难以徒手得，方欲走农舍取锄棍等物，而此鱼在岸跌跃无休。逾时[12]，诸人执器械往观之，则变成一虎状，毛足不全，滚于地不能行，莫不惊异。有老人曰：尝闻虎鲨能变虎，人不易见，故不轻信，今此虎正鲨所幻也。令众即以锄棍木石击杀之，虑其足全则逸去，必伤人矣。四明宋皆宁纪其事如此。予又尝闻赤练蛇善化鳖，故鳖腹赤者禁食。其变也，多在暑月，有人常见，自树上团为圆体，坠下地跌数十次成鳖形，其变全在跌。鲨之变虎也亦必跌，可以互相引证。《字汇·鱼部》有“魤”字，凡鱼之变化者，皆可以此“魤”统之。

[1] 不世出：罕见，不常有。[2] 繁生：繁殖滋生，发展增多。[3] 牛哀病七日而化为虎：一个叫公牛哀的人重病七天，变成了老虎。典出《淮南子·俶真训》：“昔公牛哀转病也，七日化为虎。其兄苗掩户而入，觇（chān）之则虎，搏而杀之。”[4] 封邵化虎食郡民：典出南朝梁任昉（fǎng）《述异记》上卷：“汉宣城郡守封邵，一日忽化为虎，食郡民。”[5] 乾道五年：公元1169年。“乾道”为宋孝宗赵昚（shèn）所用的第二个年号。[6] 典故出自宋代洪迈《夷坚志》丁卷第十三卷：“乾道五年八月，衡湘间寓居赵生妻李氏，苦头风，痛不可忍。呻呼十余日，婢妾侍疾，忽闻咆哮声甚厉，惊视之，首已化为虎。”[7] 事见《云南通志》卷三十：“明隆庆末，陇川有百夷夫妇入山伐竹，剖其中有水，水中有鱼六七头，持归烹食，夫妇皆化为虎，残害人畜不可计。百方阱捕，竟不能得。”《万历野获编》《滇略》亦载。[8] 顺治辛丑武甲：顺治辛丑科武进士。顺治辛丑：顺治十八年，公元1661年。[9] 康熙二十年：公元1681年。[10] 城守：防守地方的武官。[11] 野人：生活在乡下的人，一般指农夫。[12] 逾时：片刻，一会儿。

｜译文｜

没有鳞没有甲壳而长有体毛的，是毛虫。虎就是毛虫中的一种。而海虎是由鲨鱼变的，极为奇特。老虎虽然被称为山中的大王，但毛虫有三百六十类，又以麒麟为它们的首领。麒麟，是龙种。龙和牛交配而生下麒麟。麒麟很罕见，而老虎则常有。世间能应天地风云气象的，莫过于龙和虎。龙能与其他各种动物交配，无所不生。各种动物也能接受龙的交配而不相抵触。老虎不能与其他各种动物交配，即便是母虎也仅仅交配一次，就不再交配了。假如母虎愿意交配，像牛马那样生息繁衍，受害的人或动物一定就多。不让猛兽过多繁殖，这是大自然的神奇作用。何况老虎生三只幼崽，其中必定有一只豹。豹反能伤老虎，小老虎都怕它。生到三个就有能克制它的，这是大自然不让虎类充盈天地间的明显验证。然而虎虽不过分繁殖，但人变成老虎的事却往往见于典籍。比如《淮南子》里讲的公牛哀重病七日而变成老虎；又有《述异记》里讲的宣城太守封邵变成老虎吃郡内百姓的事儿；又有宋孝宗乾道五年，赵生的妻子患头风病，脑袋忽然变成了虎头；还有云南彝民夫妇吃了竹中鱼后，都变成老虎。在我著述的《见闻录》的《虎》卷中，记录的近年来由人变虎的事不止一件，而鲨鱼变成老虎的事也附在书中，在这里我愿转述它，并请大家来验证其真假。顺治辛丑科的武进士黄抡是嘉兴人，康熙二十年为福宁州的城守。他说：明嘉靖年间，他的祖上有一天路过嘉兴某处海滩，忽见一条大鱼跃上岸边高地。农夫想要捉它，因为它太大了，难以徒手捉住，正要跑到农舍取锄头棍棒等物之时，这条鱼在岸上跳跃不停。不一会儿，众人拿着器械返回，它已变成了老虎的样子，只是毛和脚还没有变完整，在地上打滚不能行走，众人没有不惊奇的。有老人说：曾听说虎鲨能变成老虎，世人很少见到，所以轻易不敢相信。现在眼见为实，这老虎正是鲨鱼变的。他让大伙用锄头和木棍石头把老虎打死了，只因怕它的脚变完整了就会逃走，那样早晚会伤到人。四明的宋皆宁也是这样记录这件事的。我又曾听说赤练蛇常会变成鳖，所以鳖的腹部如果是红色的就不要吃了。它的变化多发生在夏天，世人常能见到，它在树上团成圆形物体，掉下来再爬上去，摔个几十次就成了鳖，它的变化全在跌摔上。鲨鱼变成老虎也经过了一番跌摔，这两件事可以互相征引验证。《字汇·鱼部》有“鮀”字，凡是鱼的变化，都可以用这个“鮀”字概括。

海　豹

海豹赞：不识有钱，误认作虎。失势难行，观者如堵。

康熙三十一年[1]，福宁州南镇海上渔舟网得海豹，约长二尺余。黑绿色，腹白，身圆，首如豹，有二耳。尾黄白相间，体是鱼皮状而无毛。口中齿如虎鲨。无须。背有圈纹如钱。四足软而无爪。起网运至家尚活，乡人齐玩不已，置之于地，四足软弱不能行。众皆异之，虽老于海上者从未之见。土人以其似虎也，遂以“海老虎”名。有识之者曰：非虎也，此海豹也。现有钱纹，非豹而何？况其尾亦系豹尾式，乌[2]得谬指为虎乎？愚按：朝鲜有海豹皮充贡，今此豹未卜是否。后闻海人不敢食，复投之海，则四足履水而去。

[1] 康熙三十一年：公元1692年。[2] 乌：哪。

| 译文 |

康熙三十一年，福宁州南镇海上有渔夫用网捕得海豹，约长二尺多。它大部分呈黑绿色，腹部是白色的，身体圆圆的，脑袋像豹子一样，有两只耳朵。它的尾巴黄白相间，身体是鱼皮状但没有毛。口中的牙齿像虎鲨，没有胡须。背上有像铜钱一样的圈纹。四只脚很柔软但没有爪子。渔夫起网运到家的时候海豹还活着，乡人一齐玩赏不止，把它放到地上，四只脚软弱无力，不能走。大家都感到很奇怪，即便一辈子生活在海上的人也从未见过。当地人因为它

长得像老虎，就称它为“海老虎”。有认识它的人说：这不是老虎，这是海豹。它身上有钱纹，不是豹是什么呢？况且它的尾巴也是豹子尾巴的样子，怎么能错把它当成虎呢？愚按：朝鲜把海豹皮作为贡品，不知道眼前这海豹是不是此品种。后来听说人们不敢吃它，又把它放回大海，它四只脚踩着水就离开了。

貢令此豹未卜是否後聞海人不敢食
復投之海則四足履水而去

海豹賛

不識有錢悮認作虎
失勢難行觀者如堵

康熙三十一年福寧州南鎮海上漁舟網得海豹約長二尺餘黑緑色腹白身圓首如豹有二耳尾黄白相間體是魚皮狀而無毛口中齒如虎鬣無鬚背有圈紋如錢四足軟而無爪起網運至家尚活鄉人齊玩不已置之於地四足軟弱不能行衆皆異之雖老於海上者從未之見土人以其似虎也遂以海老虎名有識之者曰非虎也此海豹也現有錢紋非豹而何况其尾亦係豹尾式烏得謬指為虎乎愚按朝鮮有海豹皮充

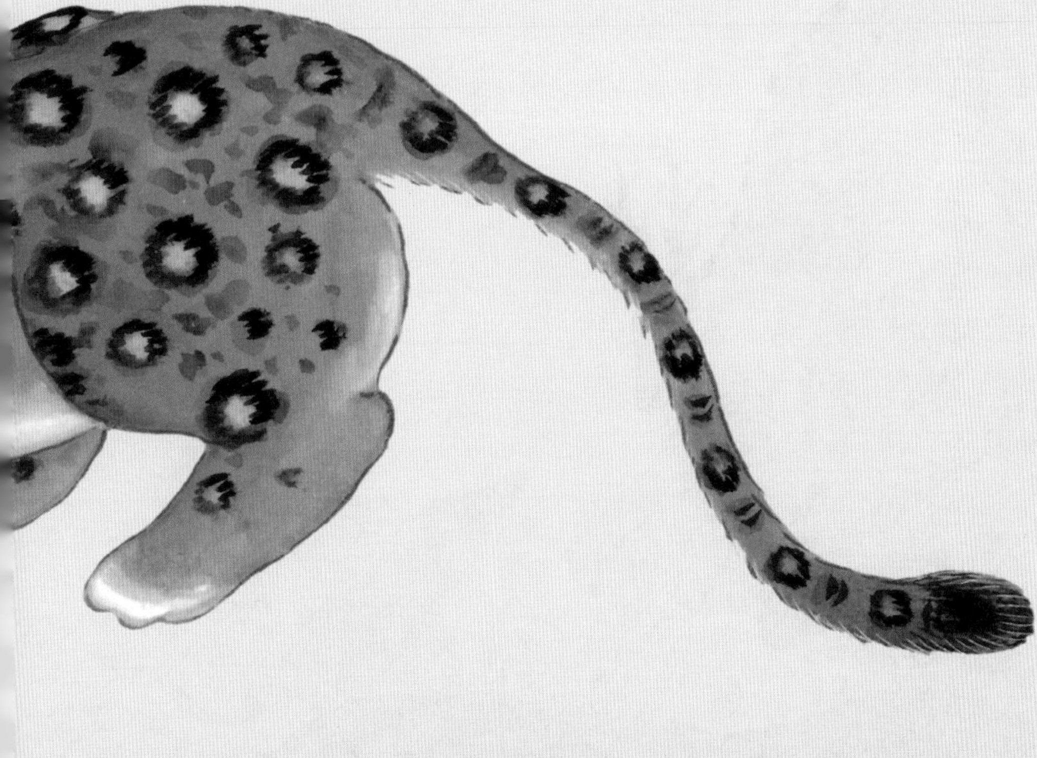

海洋島嶼惟鹿最多不盡魚化也廣東海中有一種鹿鯊或即是化鹿之魚乎詢之漁人漁人不知也但云鹿識水性常能成羣過海此島過入彼島角鹿頭上項草諸鹿藉以為粮至於鹿魚雖有其名網中從未羅得又焉知其能化鹿乎予考彙苑云鹿魚頭上有角如鹿又曰鹿子魚頳色尾鬣皆有鹿斑赤黃色南海中有洲每春夏此魚跳上洲化為鹿據書云在南海宜乎閩人之所不及見也考字彙魚部有⿰魚鹿字為魚中之鹿存名也

鹿魚化鹿贊

魚魚鹿鹿兩般名目
網則可漏埜林中逐

鹿鱼化鹿

鹿鱼化鹿赞：鱼鱼鹿鹿，两般名目。网则可漏，奈林中逐。

海洋岛屿，惟鹿最多，不尽鱼化也。广东海中有一种鹿鲨，或即是化鹿之鱼乎？询之渔人，渔人不知也，但云鹿识水性，常能成群过海，此岛过入彼岛。角鹿[1]头上顶草，诸鹿借以为粮。至于鹿鱼，虽有其名，网中从未罗得，又焉知其能化鹿乎？予考《汇苑》云：鹿鱼，头上有角如鹿。又曰：鹿子鱼，赪[2]色，尾鬣皆有鹿斑，赤黄色。南海中有洲，每春夏此鱼跳上洲化为鹿。据书云在南海，宜乎闽人之所不及见也。考《字汇・鱼部》有“鹿鱼”字，为鱼中之鹿存名也。

[1] 角鹿：生角的鹿。多指雄鹿。[2] 赪（chēng）：浅红色。

| 译文 |

海洋岛屿中，只有鹿最多，但不都是鱼变的。广东海域有一种鹿鲨，或许就是能变鹿的鱼吗？向渔民询问，渔民也不知道，只说鹿识水性，常能成群过海，从这个岛进入另一个岛。雄鹿头上顶着草，群鹿以此为粮食。至于鹿鱼，虽然有这个名字，但从未捕到过，又怎么能判断它能变成鹿呢？我查证《汇苑》，里面说：鹿鱼头上有像鹿一样的角。又说：鹿子鱼，浅红色，尾巴和鬣上都有鹿斑，其斑呈赤黄色。南海中有小洲，每年春夏之际，这种鱼跳上小洲变成鹿。据书里说这种鹿鱼生活在南海，福建人当然看不到。查证《字汇・鱼部》里有“鹿鱼”字，为鱼中的鹿留下了名字。

海　鼠

海鼠赞：鼠不穴社，乃栖海边。鼠鲇与邻，宁不垂涎。

海鼠，灰白色，穴于海岩石隙。能识水性，潮退则出穴觅食。此鼠鲇鱼之所以能见狎也。

|**译文**|

海鼠，灰白色，穴居在海中岩石的缝隙中。它能识水性，潮退的时候就出穴觅食。这就是鼠鲇鱼喜欢它的原因。

海鼠灰白色穴於海巖石隙能識水性潮退則出穴覓食此鼠鮎魚之所以能見狎也

海鼠贊

鼠不穴社乃棲海邊
鼠鮎與鄰寧不垂涎

海驢全是驢山東海上常有之登州志載海驢島與海牛島相近海驢常以八九月上島産乳其皮可以禦雨海牛無角而紫色長丈餘足似龜海語載海驢多出東海狀如驢船人有得其皮者毛長二寸能驗陰晴用以為褥能別人之善惡又明紀載劉馬太監從西番得一黑驢進上能一日千里又善鬭虎工取虎城北虎與鬭一蹄而虎斃又令鬭壯㹠三蹄而虎斃後取鬭獅被獅折其節劉大慟蓋龍種也

海驢贊

黔地難求海島可遘
龍種更奇能與虎鬭

海　驴

海驴赞：黔地难求，海岛可遘。龙种更奇，能与虎斗。

海驴，全是驴。山东海上常有之。《登州志》载：海驴岛与海牛岛相近，海驴常以八九月上岛产乳，其皮可以御雨。海牛无角而紫色，长丈余，足似龟。《海语》载：海驴多出东海，状如驴。舶人有得其皮者，毛长二寸，能验阴晴，用以为褥，能别人之善恶。[1]又《明纪》载：刘马太监[2]从西番得一黑驴进上[3]，能一日千里，又善斗虎。上取虎城牝虎与斗，一踶而虎毙。又令斗牡虎，三踶而虎毙。后取斗狮，被狮折其脊[4]，刘大恸。盖龙种也。

[1] 事见《海语》中卷“海驴”条。[2] 刘马太监：刘永诚（1391—1472），明朝御马监太监、京营总督。又被称为“刘马儿太监”“马儿太监”。[3] 上：皇上。此处指明宪宗朱见深。[4] 折其脊：《海错图》原文作“折其节”，据《坚瓠集》等书改。

|译文|

海驴，跟驴完全一样。山东海域常有其踪迹。《登州志》记载：海驴岛与海牛岛相邻，海驴常在八九月的时候上岛分娩，它的皮可以挡雨。海牛没有角，呈紫色，长一丈多，脚像龟。《海语》里记载：海驴多出自东海，样子像驴。海员里有人得到了它的皮，毛长两寸，能预测阴晴，用来做褥子，能区别出人的善恶。还有，《明纪》里记载：刘马太监从西洋得到一头黑驴献给皇上，这头驴一天能跑一千里，又善于斗虎。皇帝取虎城的雌虎和它斗，它一蹄子踢去，老虎就死了。又让它和公虎斗，几脚就踢死了公虎。后来让它跟狮子斗，却被狮子折断了脊柱，刘马太监特别悲伤。这驴大概是龙种。

海 獭

海獭赞：殃民者盗，害鱼者獭。盗息獭除，民安鱼乐。

海獭，毛短黑而光，形如狗。前脚长，后脚短。康熙二十七年[1]三月，温州平阳徐城守好畜野兽，乳虎、鹿、兔，无不取而养饲之。其日，兵汛守[2]海边，见沙上有狗脚迹，知必有獭。凡獭在海，日潜而食鱼，夜多登岸。乃张网于海岸俟之。至夜果有一獭入其彀中[3]，乃笼送营主[4]。日饲以鱼，养至二年颇驯。愚按：獭善水性，故能入水，狗不能没水。近闻京都有捕鱼之狗，疑狗母与獭接而生之狗，故有獭性。亦犹搏虎之犬，犬与狼接而生，遂易犬性。物理新奇，即此二端可补入《续博物志》。

[1] 康熙二十七年：公元1688年。[2] 汛守：指汛地（明清时期称军队驻防地段）防守岗位。此处用作动词，戍守或站岗的意思。[3] 彀（gòu）中：本指弓弩射程所及的范围，后引申为圈套。[4] 营主：军中主帅。

| 译文 |

海獭，皮毛又短又黑且有光泽，样子像狗。它前脚长，后脚短。温州平阳徐城守喜欢畜养野兽，小老虎、鹿、兔子，无不取来饲养。康熙二十七年三月的一天，有兵士在海边站岗，见沙地上有狗的脚印，知道附近一定有海獭。但凡海中有海獭，必定白天潜伏在水中吃鱼，晚上则登岸休息。兵士便张网在岸边等着。到了晚上，果然有一只海獭进入了网中。他就将其装在笼子里送给了军中主帅。徐城守每天用鱼来喂养，养到两年，海獭已经颇为驯顺。愚按：海獭水性好，所以能进入水中，狗不能潜入水中。最近听说京城有捕鱼的狗，我怀疑是母狗和海獭杂交而生的狗，所以遗传了海獭的习性。就像能跟老虎搏斗的狗，是狗和狼杂交而生的，于是就改变了狗的本性。事物的道理如此新奇，这两件事当可以补入《续博物志》中。

海獺毛短黑而光形如狗前脚長後脚短康熙二十七年三月温州平陽徐城守好畜野獸乳虎鹿兔無不取而養飼之其日兵汛守海邊見沙上有狗脚跡知必有獺凡獺在海日潛而食魚夜多登岸乃張網於海岸俟之至夜果有一獺入其彀中乃籠送營主日飼以魚養至二年頗馴愚按獺善水性故能入水狗不能沒水近聞京都有捕魚之狗疑狗母與獺接而生之狗故有獺性亦猶猼帍之犬犬與狼接而生遂易犬性物理新奇即此二端可補入續博物志

海獺贊

殃民者盜害魚者獺
盜息獺除民安魚樂

如木屑差劣予謂海魚如燕魟鸚鵡魚鶴
魚鼠鮎魚肖形者不一而多在外惟海犼
肖猪形於内不經考核但覩外狀何由信
之即古人註魚字為獸曰似猪亦不詳所
以似猪之實且註又謂此魚有毛乾之可
以驗潮候益非矣今此魚無毛豈别有一
種有毛之犼魚乎海犼好風水中頭豎起
向風聳拜而後潛潛而後起隨浪高下不
定漁人偶得知必有大風將至亟収船撤
網避之懶婦所化者非真化自懶婦也特
戲言耳頭中有孔能噴水曾詢之海人張
朝禄云果然似乎其腮在頂也考字彙魚
部有𩸞字以明魚中之彘而非獸中之彘
也字註未註明今為証出

海犼贊

海犼如猪 殊難信書
考驗得實 始知為魚

本草謂海狏生大海中候風潮出形如豚
鼻中有聲腦上有孔噴水直上百數為羣
人先取其子繫之水中母自來就其子千
百為羣隨母而行其油照樗蒲則明照讀
書及績紡則暗俗言懶婦所化又云其肉
作脯一如水牛肉味小腥耳皮中肪摩惡
瘡殺犬馬瘤疥虫今考驗海狏形全似魚
背灰色無鱗甲尾圓而有白點腹下四皮
垂垂似足非足若划水然目可開闔其骵
臃腫圓肥長可二三尺絕類公庭所擊木
柝篇海字彙註魚字曰獸名似猪東海有
之疑即此也然既云是猪其骵仍是魚形
何歟詢之漁人曰海狏實魚形非猪形也
不驚於市人多不識網中得此多稱不吉
惡之其肉不堪食熬為膏燭機杼不污腹
內有膏兩片絕似猪肪其肝腸心肺腰肚
全是猪腹中物皆堪食而肚尤美惟肝味

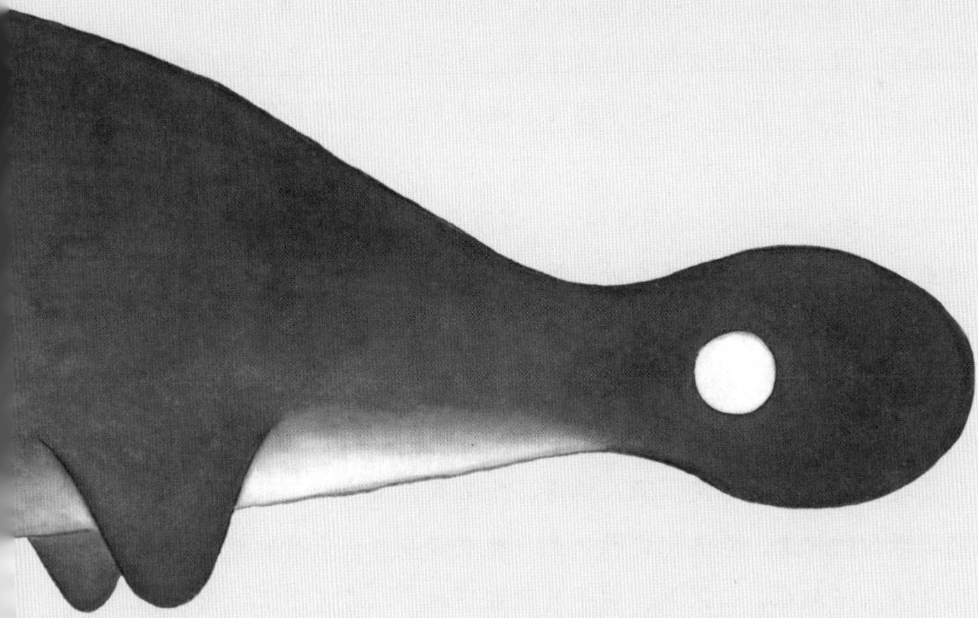

海 豘

海豘赞：海豘如猪，殊难信书。考验得实，始知为鱼。

《本草》谓：海豘[1]生大海中，候风潮出，形如豚。鼻中有声，脑上有孔，喷水直上。百数为群，人先取其子系之水中，母自来就其子，千百为群，随母而行。其油照樗蒲[2]则明，照读书及绩纺则暗，俗言懒妇所化[3]。又云其肉作脯，一如水牛肉，味小腥耳。皮中肪摩恶疮，杀犬马瘤、疥虫。今考验海豘，形全似鱼。背灰色无鳞甲，尾圆而有白点，腹下四皮垂垂，似足非足，若划水然。目可开合。其体臃肿圆肥，长可二三尺，绝类[4]公庭所击木柝[5]。《篇海》《字汇》注“鱼”字[6]曰：“兽名，似猪，东海有之。”疑即此也。然既云是猪，其体仍是鱼形，何欤？询之渔人，曰：海豘实鱼形，非猪形也。不鬻于市，人多不识。网中得此，多称不吉，恶之。其肉不堪食，熬为膏烛，机杼不污。腹内有膏两片，绝似猪肪。其肝、肠、心、肺、腰、肚全是猪腹中物，皆堪食，而肚尤美。惟肝味如木屑差劣。予谓海鱼如燕魟、鹦鹉鱼、鹤鱼、鼠鲇鱼，肖形者不一，而多在外。惟海豘肖猪形于内。不经考核，但睹外状，何由信之？即古人注“鱼”字为兽，曰似猪，亦不详所以似猪之实。且注又谓此鱼有毛，干之可以验潮候[7]，益非矣。今此鱼无毛，岂别有一种有毛之豘鱼乎？海豘好风，水中头竖起，向风耸拜而复潜，潜而复起，随浪高下不定。渔人偶得，知必有大风将至，亟收舶撤网避之。懒妇所化者，非真化自懒妇也，特戏言耳。头中有孔能喷水，曾询之海人张朝禄，云果然，似乎其腮在顶也[8]。考《字汇·鱼部》有“鱻”字，以明鱼中之彘而非兽中之彘也。字注未注明，今为证出。

[1] 豘：同“豚”。[2] 樗蒲（chū pú）：古代一种棋博类游戏，盛行于汉末魏晋南北朝，又叫“五木之戏”，或简称“五木”。[3] 典出南朝梁任昉《述异记》卷上：“在南有懒妇鱼。俗云：昔杨氏家妇，为姑所溺而死，化为鱼焉。其脂膏可燃灯烛，以之照鸣琴、博弈，则烂然有光；及照纺绩，则不复明焉。”[4] 绝类：非常相似。[5] 木柝（tuò）：梆子。[6] “鱼”字：古代典籍里将“鱼”字解释为“兽名”，特指《诗经·小雅·采薇》中“象弭（mǐ）鱼服”的“鱼”字。[7] 潮候：定期而至的潮水的涨落。[8] 海豚是哺乳动物，用肺呼吸，鼻孔在头顶。囿于所处时代科学水平的局限，作者认为它的腮在头顶。

| 译文 |

《本草》里说：海豘生在大海中，等待风潮而出，样子像猪。它用鼻子发声，脑袋上有孔，喷水直上。它常常成百聚集成群，有人把它的幼崽绑在水里作为诱饵，母鱼自会过来想要解救孩子，千百成群的幼崽随母亲迤逦而行。用它的油点灯照在樗蒲等棋博用具上非常明亮，就其光读书和纺织则晦暗不已，民间传说它是懒媳妇所变。又说它的肉做成肉脯，完全像水牛肉，味道稍微有点儿腥而已。将它皮中的脂肪擦在恶疮上，能杀犬马瘤、疥虫。现在考察验证海豘，样子完全像鱼。它的背部呈灰色没有鳞甲，尾巴圆而有白点，腹部下方耷拉着四块皮，像脚又不是脚，好像划水的鳍的样子。它的眼睛可以开合，身体臃肿圆肥，长度大约二三尺，特别像公堂所敲的梆子。《篇海》《字汇》注“鱼”字说：“兽名，像猪，出自东海。”我怀疑说的就是它。可是既然说它是猪，它的身体却呈鱼形，为什么呢？我向渔夫请教，渔夫说：海豘其实是鱼形而不是猪形。只因不在市场上卖，所以人们大多不认识它。若用网捕捞到它，多认为这不吉利，很是厌恶它。它的肉不能吃，将其熬成灯烛，燃烧时不易熏黑织布机。它的肚子里有两片脂肪，非常像猪油，它的肝、肠、心、肺、腰、肚（dǔ）也和猪的内脏一样，都能吃，而肚（dǔ）尤其味美。只有肝的味道较差，像嚼木屑一样。我认为燕魟、鹦鹉鱼、鹤鱼、鼠鲇鱼等海鱼，所像的动物各不相同，多是从其外在形象来类比。只有海豘像猪是从内部器官来判断。不经过考查核准，只看外形，怎么能让人相信呢？即使古人注“鱼”字为兽，说像猪，也不详述具体为什么像猪。而且注里又说这种鱼有毛，晾干了可以预报潮候，这就更不对了。现在这种鱼没有毛，难道另有一种有毛的犹鱼吗？海犹喜欢风，在水中把脑袋竖起来，向风行礼后又潜入水中，潜行一阵后又将脑袋仰出水面，随着波浪高下不定。渔民偶然看到了，就知必定有大风将至，赶快收船撤网躲避。世人说这种鱼是懒媳妇变的，当然不是真由懒媳妇变的，那只是玩笑话。海犹头中有孔能喷水，我曾向生活在海边的张朝禄询问，说真的是这样，似乎它的腮在头顶上。考查《字汇·鱼部》有“𩵬”字，可以说明这是鱼类中的“猪”而不是兽类中的“猪”。《字汇》里对这个字的注释没有说清楚，现在将它考证出来。

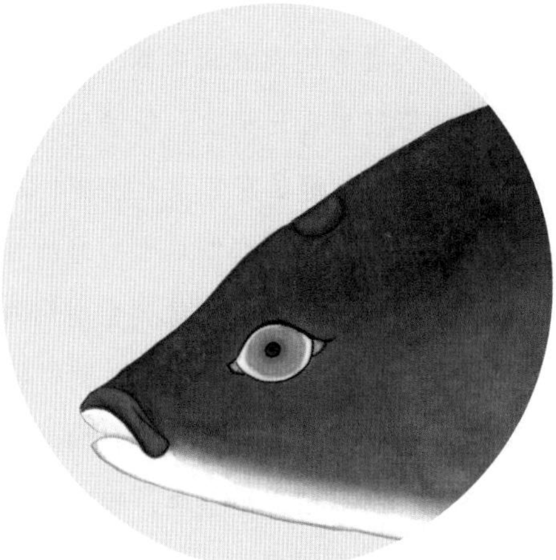

野豕大者如牛甚猛疑即所謂封豕是也一名懶婦好食禾稻以機杼織絍之器置田間則去牙長六七寸輙入海化為巨魚狀如蛟螭而雙乳垂腹名曰奔䱐愚按此物在海與龍交而生龍則毋以子貴疑即所謂猪婆龍者是也

野豕化奔䱐賛

野豕牙長耻居山鄉化為奔䱐任其倘徉

野豕化奔鲟

野豕化奔鲟赞：野豕牙长，耻居山乡。化为奔鲟，任其徜徉。

野豕，大者如牛，甚猛。疑即所谓“封豕[1]”是也。一名“懒妇[2]”，好食禾稻，以机杼织纴之器置田间则去。牙长六七寸，辄入海化为巨鱼，状如蛟螭而双乳垂腹，名曰“奔鲟[3]”。愚按：此物在海与龙交而生龙，则母以子贵。疑即所谓“猪婆龙”者是也。

[1] 封豕：也称“封豨（xī）”，指大野猪（封，是“大”的意思），常用来比喻贪婪暴虐者。[2] 懒妇：宋代范成大《桂海虞衡志·志兽》认为是一种像猪的野兽：“嬾（懒）妇，如山猪而小，喜食禾，田夫以机轴织纴之器挂田所，则不复近。”《海错图》的作者则认为“懒妇”就是野猪。联系书中关于海豚的描述，则海豚又名“懒妇鱼”或许是因为“豚”与“猪”同义，所以“非真化自懒妇也”，懒媳妇变成鱼的说法当是古人由“懒妇”二字的字面意思附会而成。[3] 鲟：音fū。

译文

野猪，大的像牛，非常凶猛。我怀疑就是古书中所谓的“封豕”。它也叫“懒妇”，喜欢吃禾苗稻谷，把织布的工具放在田间，它就离去了。它的牙长至六七寸长时，就进入海里变成大鱼，样子像蛟螭而双乳垂在腹部，名叫“奔鲟”。愚按：这种动物在海里与龙交配而生龙，则母凭子贵。我怀疑这就是所谓的“猪婆龙”。

膃肭脐

膃肭脐赞：兽头鱼体，似非所宜。考据有本，见者勿疑。

《异鱼图》内有“膃肭[1]脐”，《本草》仿其形图之，兽头，鱼身，鱼尾，而有二足。并载《异鱼图说》云：试膃肭脐者，于腊月冲风[2]处置盂水浸之，不冻者为真。若系狗形，不当入《异鱼图》。今其说既出《异鱼图》内，则其为鱼形可知。《本草》内游移不定，不能分辨。《衍义》[3]云：膃肭脐，今出登、莱州。《药性论》谓是狗外肾[4]。《日华子》又谓之兽。今观其状，非狗非兽，亦非鱼。淡青色腹，腰下白皮厚且韧如牛皮，边将[5]多取以饰鞍韂[6]，今人多不识。愚按：《登州志》有“海牛岛”，有海牛，无角，足似龟，尾若鲇鱼，见人则飞赴水，皮堪弓韃。又有海狸，亦上牛岛产乳，逢人则化为鱼入水。若此，则海中之兽多肖鱼形。膃肭脐善接物，或即海狸之类。又《字汇》注“鱼”字[7]曰“兽名”，云似猪，其皮可饰弓韃，遂指为海猪，非是。今观膃肭脐之皮，坚厚如牛皮，《诗》所谓“象弭鱼服[8]”，或即此也。而《字汇》不能深辨膃肭脐确有其物，而海狗又实有海狗，其肾或皆可用，故图内两存之。《字汇·鱼部》有“鮁”字、“鮈[9]”字，为鱼中犬狗存名也。

[1] 膃肭：音wà nà。[2] 冲（chòng）风：对着风。[3]《衍义》：指《本草衍义》。[4] 外肾：睾丸。[5] 边将：镇守边疆的将帅。[6] 鞍韂（jiān）：马鞍和马鞍下面的垫子。[7] 注“鱼”字：参见311页注释[6]。[8] 象弭（mǐ）鱼服：两端用象牙装饰的弓，用鲨鱼皮制成的箭袋。语出《诗经·小雅·采薇》：“四牡翼翼，象弭鱼服。”[9] 鮈：音jū。

似龜尾若鮎魚見人則飛赴水皮堪弓鞬又有海狸亦上牛島産乳逢人則化為魚入水若此則海中之獸多肖魚形膃肭臍善接物或即海狸之類又字彙註魚字曰獸名云似豬其皮可飾弓鞬遂指為海豬非是今觀膃肭臍之皮堅厚如牛皮詩所謂象弭魚服或即此也而字彙不能深辨膃肭臍確有其物而海狗又實有海狗其腎或皆可用故圖内兩存之字彙魚部有⿰魚犬字鮈字為魚中犬狗存名也

異魚圖內有膃肭臍本草倣其形
圖之獸頭魚身魚尾而有二足并
載異魚圖說云試膃肭臍者於臘
月衝風處置盂水浸之不凍者為
真若係狗形不當入異魚圖今其
說既出異魚圖內則其為魚形可
知本草內游移不定不能分辨衍
義云膃肭臍今出登萊州藥性論
謂是狗外腎日華子又謂之獸今
觀其狀非狗非獸亦非魚淡青色
腹腰下白皮厚且韌如牛皮邊將
多取以飾鞍韉今人多不識愚按
登州志有海牛島有海牛無角足

膃肭臍贊
獸頭魚骼
似非所宜
考據有本
見者勿疑

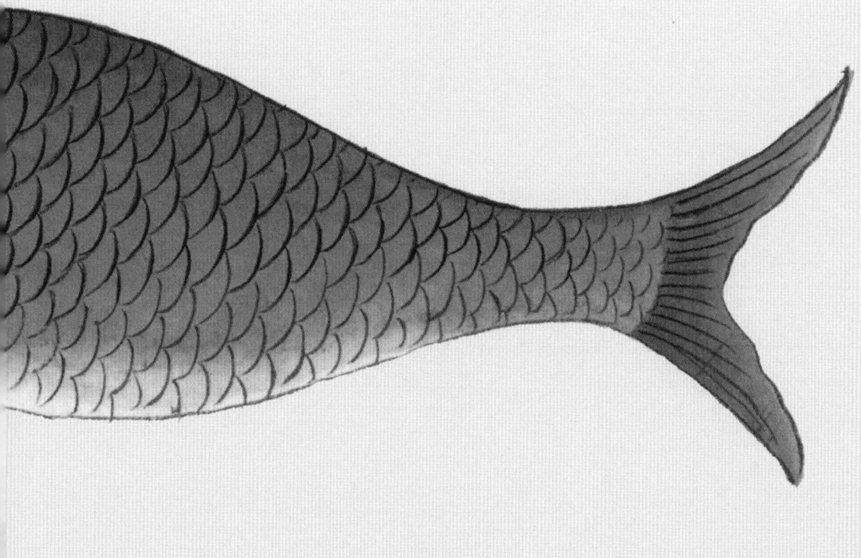

| 译文 |

《异鱼图》里载有“腽肭脐”，《本草》仿照它的样子画了图，兽头，鱼身，鱼尾，有两只脚。《异鱼图说》中也有记载，书里说：要检验腽肭脐的真假，可于腊月天在迎风处放一盂水把它泡上，不冻住的就是真的。如果它是狗形，不应当被收入《异鱼图》。现在既然《异鱼图》中有关于它的检验方法，可知《异鱼图》认定它是鱼形。《本草》的观点则游移不定，没有明确的分类。《本草衍义》里说：腽肭脐，今出自登州、莱州。《药性论》说这是狗的睾丸。《日华子》则说它是兽类。现在看它的样子，不是狗，不是兽，也不是鱼。它的腹部呈淡青色，腰下的白皮像牛皮一样厚且坚韧，镇守边疆的将士多取来装饰鞍鞯，今人多不认识。愚按：《登州志》里载有“海牛岛”，其上有海牛，没有角，脚像龟，尾巴像鲇鱼，见到人就飞到水里，它的皮能做装弓的袋子。也提及海狸，说它也到海牛岛上分娩，遇到人就变成鱼进入水里。如此说来，则海中的兽类大多像鱼的样子。腽肭脐善于与其他动物交配，或许就是海狸之类的动物。《字汇》里注释“鱼”字说是“兽名”，说它像猪，其皮可以装饰弓鞬，于是就指为海猪，这是不对的。现在看观腽肭脐的皮，像牛皮一样又结实又厚，《诗经》里有“象弭鱼服”的句子，或许说的就是这种东西。《字汇》没有深入辨析腽肭脐确有其物，而腽肭脐是腽肭脐、海狗是海狗，也许它们的肾功效类似，所以我在《海错图》中分别谈及了这两种物种。《字汇·鱼部》有“鱿”字、“鮈”字，为鱼中的犬狗留下了名字。

刺鱼化箭猪

刺鱼化箭猪赞：海底刺鱼，有如伏弩。化为箭猪，亦射狼虎。

刺鱼，有刺之鱼也，亦名“泡鱼”，吹之如泡，可悬玩。此鱼大如斗者，即能化为箭猪。项脊间有箭，白本黑端[1]，人逐之，则激发之，亦能射狼虎，但身小如獾状。屈翁山指此为封豕，未是。

[1] 白本黑端：根是白色的，尖端是黑色的。

｜译文｜

刺鱼，即有刺的鱼，也叫“泡鱼”，吹它能使它变得像泡泡一样，可以悬挂赏玩。这种鱼长成斗一样大时，就能变成箭猪。它的脖子和脊背间有“箭”，白色的箭杆、黑色的箭头，有人追它，它就发怒射箭，也能用来射狼和老虎，但它体形小，像獾一般。屈大均将它认作大野猪，是不对的。

刺魚有刺之魚也亦名泡魚吹之如泡可懸玩此魚大如斗者即能化為箭猪項脊間有箭白本黑端人逐之則激發之亦能射狼虎但身小如獾狀屈翁山指此為封豕未是

刺魚化箭猪贊

海底刺魚有如伏弩化為箭猪亦射狼虎

海語曰海狗似狗而小其毛黃
色嘗海游背風沙中遙見船行
則投海漁人以技獲之蓋利其
腎也醫人以爲即膃肭臍愚按
海狗與膃肭臍當是二種考據
異魚圖則知膃肭臍是獸首而
魚身考據海語則知海狗如狗
形今山東海上果有其物云牡
一而牝百每逐隊行人取牡者
用其腎以扶陽道然真者難得

海狗贊

既不吠日又不吠雪
生於齊東牡者性熱

海　狗

海狗赞：既不吠日，又不吠雪。生于齐东，牡者性热。

《海语》曰：海狗似狗而小，其毛黄色。尝海游背风沙中，遥见船行则投海。渔人以技获之，盖利其肾也，医人以为即腽肭脐。愚按：海狗与腽肭脐当是二种，考据《异鱼图》则知腽肭脐是兽首而鱼身，考据《海语》则知海狗如狗形，今山东海上果有其物，云牡一而牝百，每逐队行。人取牡者，用其肾以扶阳道。然真者难得。

｜译文｜

《海语》里说：海狗像狗但是比狗小，它的毛是黄色的。它常在海上背着风的沙中嬉戏，远远地见到有船过来就跃入海中。渔夫想尽方法捕获它，因为它作为药材对肾脏有利，医生认为它就是腽肭脐。愚按：海狗与腽肭脐应当是两种东西，考证《异鱼图》知腽肭脐是兽首而鱼身，考证《海语》则知海狗外形像狗，今山东海域确实有海狗这种动物，据说一只雄海狗领着上百只雌海狗结队而行。世人捕捉雄海狗，目的是取它的肾脏来壮阳。然而真的海狗肾难以得到。

潜　牛

潜牛赞：鱼生两角，奋威如虎。鳞中之牛，一元大武。

南海有潜牛，牛头而鱼尾，背有翅。常入西江，上岸与牛斗。角软入水，既坚复出。牧者策[1]牛江上，常歌曰："毋[2]饮江流，恐遇潜牛。"盖指此也。《汇苑》"潜牛"之外有"牛鱼"，似又一种也。

[1] 策：鞭打。[2] 毋（wú）：不要。

｜译文｜

南海有潜牛，牛头鱼尾，背上有鳍翅。它常进入西江，上岸与牛相斗。它的角软了就遁入水中，变硬了之后再出来。放牧的人赶牛到江边时，常歌唱道："不要喝江里的水，怕遇到潜牛。"大概指的就是这个。《汇苑》里"潜牛"之外还载有"牛鱼"，似乎又是另一种动物。

南海有潛牛牛頭而魚尾背有翅常入西江上岸與牛鬬角軟入水既堅復出牧者策牛江上常歌曰毋飲江流恐遇潛牛蓋指此也彙苑潛牛之外有牛魚似又一種也

潛牛贊

魚生兩角奮威如虎

鱗中之牛一元大武

海　马

海马赞：马终毛虫，毛以裸继。裸虫首蚕，蚕马同气。

海马之年久者，身上有火焰斑。其游泳于海也，止露头，上半身每露火焰，艇人多能见之。今人绘海马故亦有火焰，画蹄、尾俱是马形，而出露于海潮之间，非矣。

海马有三种：一种《异物志》所载："虫形，善跃，药物中所用。"《本草》亦载一种海山野马，全类马，能入海。郭璞《江赋》所谓"海马蹀涛[1]"是也。一种形略似马，鱼口、鱼翅而无鳞，四足无蹄，皮垂于下若划水，尾若牛尾，即所图者是也。其身皆油不堪食。渔人网中得海马或海猪，并称不吉。今台湾人多以海马骨作念珠，云能止血。其牙亦同功而更妙，但药书不载，故世鲜用也。《杂记》载海马骨云：徐铉[2]仕江南，至飞虹桥，马不能进。以问杭僧赞宁，宁曰："下必有海马骨，水火俱不能毁。"铉掘之，得巨骨，试之果然。百十年竟不毁，一夕椎[3]皂角则破碎[4]。又云捶马愈久愈润，以之击犬，应手而裂，亦怪异也。予客闽，得海马牙一具，大如拇指，长可二寸许。据赠者云，能止血，最良。存以验海马之真迹云。《字汇·鱼部》有"鰢"字，所以别鱼类之马也。《字汇》注通不注明。

[1] 海马蹀（dié）涛：郭璞《江赋》中无此句，当是"駮（bó）马腾波以嘘蹀"。[2] 徐铉（xuàn）（916—991）：字鼎臣，五代至北宋初年文学家、书法家。[3] 椎：音chuí。[4]《十国春秋》等书里说海马骨"沤以腐糟"就立即毁坏，故而在捶打皂角时破碎。

書不載故世鮮用也雜記載海馬
骨云徐鉉仕江南至飛虹橋馬不
能進以問杭僧贊寧寧曰下必有
海馬骨水火俱不能毀鉉掘之得
巨骨試之果然百十年竟不毀一
夕推皂角則破碎又云搖馬愈久
愈潤以之擊犬應手而裂亦怪異
也予客閩得海馬牙一具大如拇
指長可二寸許攜贈者云能止血
最良存以驗海馬之真蹟云字彙
魚部有鰢字所以別魚類之馬也
字彙註通不註明

海馬贊

馬終毛蟲毛以裸繼
裸蟲首蠶蠶馬同氣

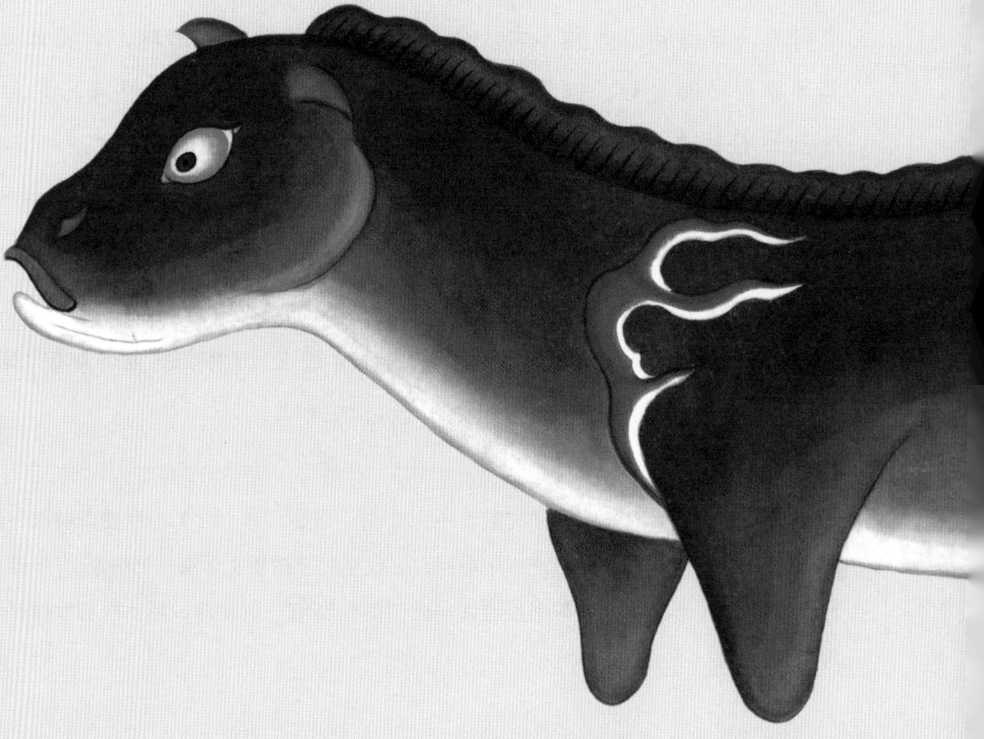

海馬之年久者身上有火焰斑其遊泳於海也止露頭上半身每露火焰艇人多能見之今人繪海馬故亦有火焰畫蹄尾俱是馬形而出露於海潮之間非矣

海馬有三種一種異物志所載蟲形善躍藥物中所用本草亦載一種海山野馬全類馬能入海郭璞江賦所謂海馬蹀濤是也一種形略似馬魚口魚翅而無鱗四足無蹄皮垂於下若划水尾若牛尾即所圖者是也其身皆油不堪食漁人網中得海馬或海猪並稱不吉今臺灣人多以海馬骨作念珠云能止血其牙亦同功而更妙但藥

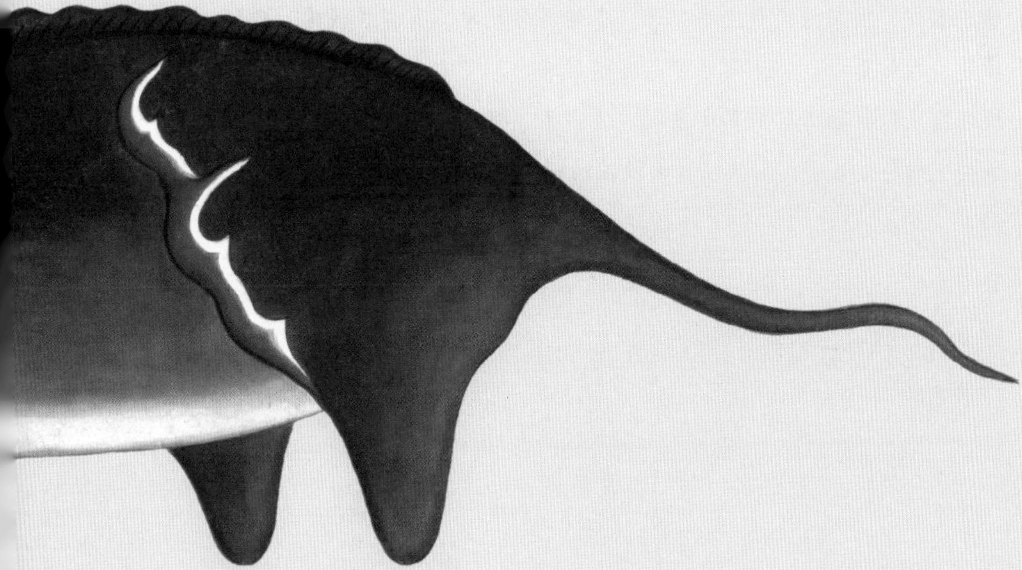

| 译文 |

年岁长的海马，身上有火焰斑。它在海里游泳时，仅仅露出脑袋，上半身每每露出火焰纹，船上的人多能见到。所以现在的人画海马也常画有火焰纹，但却将蹄子、尾巴都画成马的样子，隐约现于海潮之间，其实错了。

海马有三种：一种是《异物志》里记载的："虫形，善于跳跃，用于药物中。"《本草》里也记载了一种海山野马，完全像马，能进到海里。郭璞《江赋》中说的"騊马乘涛喷水奔跑"就是这种。还有一种外形有些像马，长着鱼口、鱼翅却没有鳞，四只脚没有蹄子，皮垂在下面像划水的鱼鳍，尾巴像牛尾巴，即图中所画的那样。它的身体都是油，不能食用。渔民网中捕得海马或海猪，都被认为是不吉利的象征。现在台湾岛人多用海马骨做念珠，说是能止血。它的牙也有相同的功效却比骨头更好，但药书里没有记载，所以世人很少使用。《杂记》里记载海马骨说：徐铉在江南做官的时候，来到飞虹桥，马不能前进。就问杭州的僧人赞宁，赞宁说："下面一定有海马骨，水火都不能毁坏它。"徐铉挖得巨骨，一试确实是这样。这海马骨百十年都没有毁坏，有一天晚上用来椎皂角时居然破碎了。又说它用来打马，用的时间越久质地就越温润，用来打狗则应手裂开，也是怪异现象。我客居福建，得到一具海马牙，大如拇指，长达两寸多。据赠送者说，它的止血效果特别好。我把它留存起来以检验海马的真实情况。《字汇·鱼部》有"鰢"字，是用来区别鱼类中的马。《字汇》的注释都没注清楚。

海　蚕

海蚕赞：蚕本龙精，先诸裸生。性秉阳德，头类马形。

海蚕，裸虫[1]也。裸虫无毛，毛虫尽则继以裸虫。裸虫三百六十而以人为长，人为物灵，不可并举，故《博物》等书止称麟、凤、龟、龙为四灵[2]之长。今海上之裸虫多矣，不得不并毛虫而共列之。而以蚕继焉[3]者，海马虽未尝变海蚕，而蚕与马同气[4]，原蚕之禁[5]，见于《周礼》[6]，合之《六帖》[7]。马革裹女化蚕[8]之说，要亦有异，况蚕之食叶如马之在槽。而首亦类马，故亦称"马头娘[9]"。然此但言陆地之蚕与马同气者如此，而海蚕则更有异焉。《南州记》曰：海蚕生南海山石间，形大如拇指，其蚕沙[10]白如玉粉，真者难得。又《拾遗记》载：东海有冰蚕，长七寸，黑色，有鳞、角，覆以霜雪。能作五色茧，长一尺，织为文锦[11]，入水不濡[12]，入火不燎。诸类书"昆虫"必有蚕，而曰"龙精"。吾于鳞角之冰蚕而信龙精云。

[1] 裸虫：古代"五虫"之一，指包括人在内的身体表面没有毛羽鳞甲覆盖或生有短浅毛发的动物，因身体皮肤裸露而得名，也写作"倮虫""臝虫"。"裸"字《海错图》原文作"祼（guàn）"，根据文意，"裸"当系笔误，后文也多有这种情况，一并改正。[2] 四灵：《礼记·礼运》："麟凤龟龙，谓之四灵。"[3] 焉：此处的"焉"疑为"马"字之误。[4] 蚕与马同气：汉代郑玄等学者对《周礼》中"禁原蚕"的附会说法。郑玄在为《周礼·夏官·马质》做注释时引用《蚕书》解释："蚕为龙精，月直大火，则浴其种，是蚕与马同气。"贾公彦疏："蚕与马同气者，以其俱取大火，是同气也。"[5] 原蚕：当年第二次孵化的蚕。[6]《周礼·夏官·马质》："若有马讼，则听之，禁原蚕者。"[7] 合之《六帖》：《白孔六

帖》第八十二卷里有“禁原蚕”的内容。[8] 马革裹女化蚕：古代关于蚕的传说。一女子思念远征的父亲，跟家里的马说：“你能帮我迎回父亲，我就嫁给你。”马驮其父归来后，其父竟将马杀死，晾晒的马皮突然将女子裹起来，变成了蚕。事见《搜神记》第十四卷。[9] 马头娘：中国神话中的蚕神。因为蚕的头部像马，古代又有马皮裹住少女变成蚕的传说，故名。[10] 蚕沙：中药名。家蚕幼虫的干燥粪便。[11] 文锦：五彩斑斓的织锦。[12] 濡（rú）：沾湿。

｜译文｜

海蚕，是裸虫。裸虫没有毛，毛虫介绍完了，接下来就说说裸虫。裸虫三百六十种而以人为首领，人是动物的灵长，不能跟其他动物并举，所以《博物志》等书仅称麒麟、凤凰、龟和龙为四灵之长。现在可知海上的裸虫非常多，不得不跟毛虫共同列举。而把蚕放在马的后面，是因为海马虽然不曾变成过海蚕，但是蚕与马能相互感应，禁止养育当年二度孵化的蚕（恐怕伤到马）的说法在《周礼》中就出现了，也合乎《白孔六帖》里的说法。马皮裹女变成蚕的说法，应该也是很神奇的。何况蚕吃桑叶的样子就像马在槽子里吃草，加之蚕的脑袋跟马头非常像，所以蚕也被称为“马头娘”。可是这仅仅是说陆地的蚕和马相互感应的情况，而海蚕则有所不同。《南州记》里说：海蚕生在南海山石间，外形大如拇指，它的蚕沙白得像玉粉一样，真货非常难以得到。还有，《拾遗记》里记载：东海有冰蚕，长七寸，黑色，有鳞和角，用霜雪覆盖着。能结五色蚕茧，蚕丝长一尺，用其织成的五彩斑斓的锦缎，浸到水里不会被沾湿，放到火里不会被烧着。众多类书里的“昆虫”部分一定载有蚕虫，并把它叫作“龙精”。我因为那种长鳞长角的冰蚕而相信蚕是龙精所化。

海蠶裸蟲也裸蟲無毛毛蟲盡則繼以裸蟲裸蟲三百六十而以人為長人為物靈不可並舉故博物等書止稱麟鳳龜龍為四靈之長今海上之裸蟲多矣不得不並毛蟲而共列之而以蠶繼焉者海馬雖未嘗變海蠶而蠶與馬同氣原蠶之禁見於周禮合之六帖馬革褁女化蠶之說要亦有異况蠶之食葉如馬之在槽而首亦類馬故亦稱馬頭娘然此但言陸地之蠶與馬同氣者如此而海蠶則更有異焉南州記曰海蠶生南海山石間形大如拇指其蠶沙白如玉粉真者難得又拾遺記載東海有氷蠶長七寸黑色有鱗角覆以霜雪能作五色繭長一尺織為文錦入水不濡入火不燎諸類書昆蟲必有蠶而曰龍精吾於鱗角之氷蠶而信龍精云

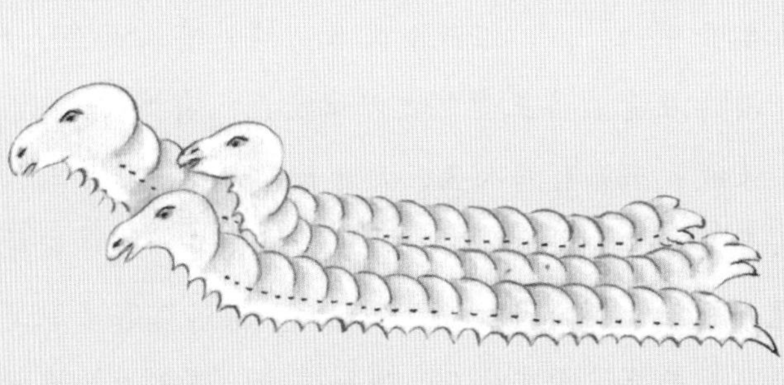

海蠶賛

蠶本龍精
先諸裸生
性秉陽德
頭類馬形

龙　肠

龙肠赞：世间绝艺，莫如屠龙。肝可珍取，肠弃海东。

龙肠，亦无毛之蜾[1]虫也。生海涂中。长数寸，红黄色，如蚯蚓缩泥中。海人用铜线纽钩出之，将去泥沙，中更有一小肠如线，亦去之，煮为羹，味清肉脆，晒干亦可寄远，为珍品一种。沙蚕形、味与龙肠相似。又有一种似龙肠而粗，紫色，味胜龙肠，曰“官人”，不知何所取意。予因其状与龙肠同，不更重绘。夫裸虫三百六十属，其数虽多，亦有所统，则人为之长。人亦一虫也，特灵于虫耳。《职方外纪》载：西洋有海人，男女二种，通体皆人。男子须眉毕具[2]，特手指连如凫爪。男子赤身，女子生成有肉皮一片自肩下垂至地，如衣袍者然。但着体而生，不能脱卸。其男止能笑而不能言，亦饮食，为人役使，常登岸被土人获之。又云一种鱼人，名“海女”，上体女人，下体鱼形，其骨能止下血[3]。《汇苑》又载：海外有人面鱼，人面鱼身，其味在目，其毒在身。番王尝熟之以试使臣，有博识者食目舍肉，番人惊异之。又载：东海有海人鱼，大者长五六尺，状如人，眉目、口鼻、手爪、头面无不具，肉白如玉。无鳞而有细毛，五色轻软，长一二寸。发如马尾，长五六尺。阴阳与男女无异。海滨鳏寡多取得养之于池沼，交合之际与人无异，亦不伤人。他如海童、海鬼更难悉数，亦不易状。兹言蜾虫之长，特举其概。万物皆祖于龙，诸裸虫总以龙统之可耳。《字汇·鱼部》有“魜”字，特为人鱼存名也。

[1] 螺：当为“裸”“倮”或“蠃”。[2] 毕具：齐全；完全具备。[3] 下血：便血。

| 译文 |

龙肠，也是没有毛的裸虫。它生在海岸边的浅滩中，长几寸，呈红黄色，像蚯蚓一样缩在泥沙中。生活在海边的人用铜线扭成钩把它弄出来，洗去泥沙，能看到它中间有一条像线一样的小肠，也要去掉。把它煮成羹，味清肉脆，晒干之后可以寄给远方亲友，是一种海中珍品。沙蚕的外形、味道跟龙肠相似。还有一种像龙肠但比龙肠粗一些的，呈紫色，味道胜过龙肠，叫“官人”，不知这个名字是怎么取意的。因为它的形状跟龙肠一样，我就没有再重新画。裸虫有三百六十类，它的数量虽然多，但也有统领它们的，人就是它们的首领。人也是一种“虫”，只是比其他虫更聪明而已。《职方外纪》里记载：西洋有海人，男女两种，全身都是人的样子。男子的胡须、眉毛齐备，只是手指像野鸭爪子一样连在一起。男子光着身子，女子长着一片从肩膀垂到地上的肉皮，像衣服袍子的样子，但连体而生，不能脱下来。那男子只会笑，不会说话，也能饮食，为人劳作。他经常登上岸，被当地人捉获。书里还说有一种鱼人，名叫“海女”，身体的上半部分是女人，下半部分是鱼形，它的骨头能止住便血。此外《汇苑》里记载：海外有人面鱼，人面鱼身，它的美味之处在眼睛，它的毒在身体里。有个番王曾经把这种鱼做熟了来测试使臣，有见识广博的使臣吃的时候只吃鱼眼睛而舍弃鱼肉，番邦的人很是惊奇诧异。书里还记载：东海有海人鱼，大的长五六尺，样子像人，眉目、口鼻、手爪、头面无所不有，肉白得像玉。没有鳞而有细毛，它的毛五颜六色，又轻又软，长一两寸。它的头发像马尾巴，长五六尺。它们也有阴阳两性，生殖器官与男女没有差别。海滨的鳏夫寡妇多捕取而养之于池沼，交合的时候跟人没有差别，也不伤人。其他的像海童、海鬼更是难以全部列举，也不容易描述它们的样子。在这里只记述裸虫的灵长一类，特列举其大概。万物都以龙为祖，各种裸虫总体上以龙为统领。《字汇·鱼部》有“魜”字，是特地为人鱼保存的名称。

又云一種魚人名海女上骵女人下骵魚形其骨能止下血彙苑又載海外有人面魚人面魚身其味在目其毒在身番王嘗熟之以試使臣有博識者食目舍肉番人驚異之又載東海有海人魚大者長五六尺狀如人眉目口鼻手爪頭面無不具肉白如玉無鱗而有細毛五色輕軟長一二寸髮如馬尾長五六尺陰陽與男女無異海濱鰥寡多取得養之於池沼交合之際與人無異亦不傷人他如海童海鬼更難悉數亦不易狀茲言蜾蟲之長特舉其槩萬物皆祖於龍諸裸蟲總以龍統之可耳字彙魚部有魜字特為人魚存名也

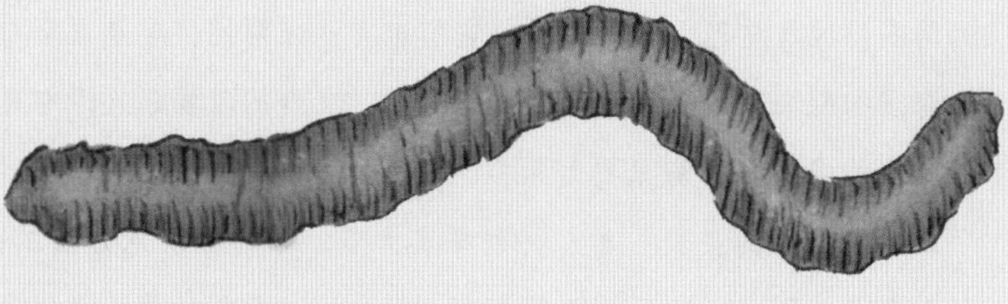

龍腸亦無毛之螺虫也生海塗中長數寸紅黃色如蚯蚓縮泥中海人用銅線細鉤出之將去泥沙中更有一小腸如線亦去之煮為羹味清肉脆晒乾亦可寄遠為珍品一種沙蠶形味與龍腸相似又有一種似龍腸而粗紫色味勝龍腸曰官人不知何所取意予曰其狀與龍腸同不更重繪夫裸蟲三百六十屬其數雖多亦有所統則人為之長人亦一蟲也特靈於蟲耳職方外紀載西洋有海人男女二種通體皆人男子鬚眉畢具特手指連如鳧爪男子赤身女子生成有肉皮一片自肩下垂至地如衣袍者然但着體而生不能脫卸其男止能笑而不能言亦飲食為人役使常登岸被土人獲之

龍腸贊

世間絕藝
莫如屠龍
肝可珍取
腸棄海東

龙　虱

龙虱赞：雾郁云蒸，龙鳞生虱。风伯雨师，空中探出。

谢若愚曰：龙虱，鸭食之则不卵，故能化痰。按：龙虱状如蜣螂，赭[1]黑色，六足两翅而有须。本海滨飞虫也，海人干而货之，美其名曰“龙虱”，岂真龙体之虱哉？食者捻去其壳翼，啖其肉，味同炙蚕。不耐久藏。或曰：此物遇风雷霖雨则堕于田间，故曰“龙虱”。

[1] 赭（zhě）：红褐色。

｜译文｜

谢若愚说：龙虱，鸭子吃了它之后就不能产蛋，所以它能化痰。按：龙虱的样子像蜣螂，通体红黑色，有六只脚和两只翅膀，且长有须子。它本来是海滨的飞虫，生活在海边的人把它晾干了出售，美其名曰“龙虱”，难道真的是龙体上的虱子吗？吃的人捻去它的壳和翅膀，吃它的肉，味道跟烤蚕蛹差不多。这种东西不耐久藏。有人说：这种东西遇到风雷霖雨就掉到田间，所以名叫“龙虱”。

謝若愚曰龍蝨鴨食之則不卵故能化痰按龍蝨狀如蟯螂赭黑色六足兩翅而有鬚本海濱飛虫也海人乾而貨之美其名曰龍蝨豈真龍鱗之蝨哉食者捻去其殼翼啖其肉味同炙蠶不耐久藏或曰此物遇風雷霖雨則墮於田間故曰龍蝨

龍蝨賛

霧欝雲蒸
龍鱗生蝨
風伯雨師
空中探出

海蜈蚣

海蜈蚣赞：物类相制，龙畏蜈蚣。海中产此，惊伏妖龙。

谢若愚曰：“海蜈蚣在海底，风将作，则此物多入网而无鱼虾。”按：海蜈蚣一名“流崎”，生海泥中，随潮飘荡，与鱼虾侣。柔若蚂蝗[1]，两旁疏排肉刺，如蜈蚣之足。其质灰白，而断纹作浅蓝色，足如菜叶绿。渔人网得，不鬻于市，人多不及见。而海鱼吞食，每剖鱼得厥状。考之类书、志书，通不载。询之土人，知为海蜈蚣，得图其状。更询海人以“此物亦可食否？”曰：渔人识此者，多能烹而啖之。其法以油炙于镬[2]，用酽醋[3]投爆，绽出膏液[4]，青黄杂错，和以鸡蛋，而以油炙，食之味腴[5]。尝闻蟒蛇至大，神龙至灵，而反见畏于至小至拙之蜈蚣。今海中之形确肖，疑洪波巨浸[6]之中亦必有以制毒蛇妖龙也。亦有红、黄二种，附绘。考《字汇·鱼部》有“鯢鮅”二字，疑指鱼中之蜈蚣。

[1] 蚂蝗：即蚂蟥，水蛭的俗称。[2] 镬（huò）：本是形如大盆、用以煮食物的铁器，后来指锅。[3] 酽（yàn）醋：浓醋。[4] 膏液：脂膏与血液。[5] 味腴：味道醇厚。[6] 巨浸：大水，指大江、大河、大湖、大海。

| 译文 |

谢若愚说：“海蜈蚣在海底，海风将起的时候，网到的多是这种动物，很少有鱼虾。”按：海蜈蚣也叫“流崎”，生长在海泥里，随着潮水飘荡，跟鱼虾相伴。它柔软得像蚂蟥，两旁稀疏地排列着肉刺，像蜈蚣的脚。它颜色灰白，断纹呈浅蓝色，脚像菜叶一样绿。渔夫用网捕到后，不拿到市场上

出售，所以世人多未见过。海鱼喜吞食它，每每剖开鱼肚子就能见到它。考查类书、志书，对它都没有记载。向当地人询问，才知道这是海蜈蚣，得以画下它的样子。进一步询问生活在海边的人：“这种东西也能吃吗？”得到的回答是：了解这种东西的人，多会烹制食用。方法是将海蜈蚣下油锅中爆炒，再加入浓醋爆锅，让它绽出脂膏和血液，炒到颜色青黄错杂，再调入鸡蛋液，用油煎之，吃起来味道醇美。我曾经听说蟒蛇非常大，神龙极其聪明，却反而惧怕最小最笨的蜈蚣。现在海中的蜈蚣样子跟真蜈蚣确实相像，我怀疑洪波大水之中也一定有能克制毒蛇妖龙的。海蜈蚣也有红、黄两种，我在这里附上图绘。考查《字汇·鱼部》里有“鯸鮗”二字，我怀疑就是指鱼中的蜈蚣。

中之蜈蚣

海蜈蚣贊

物類相制龍畏蜈蚣
海中産此驚伏妖龍

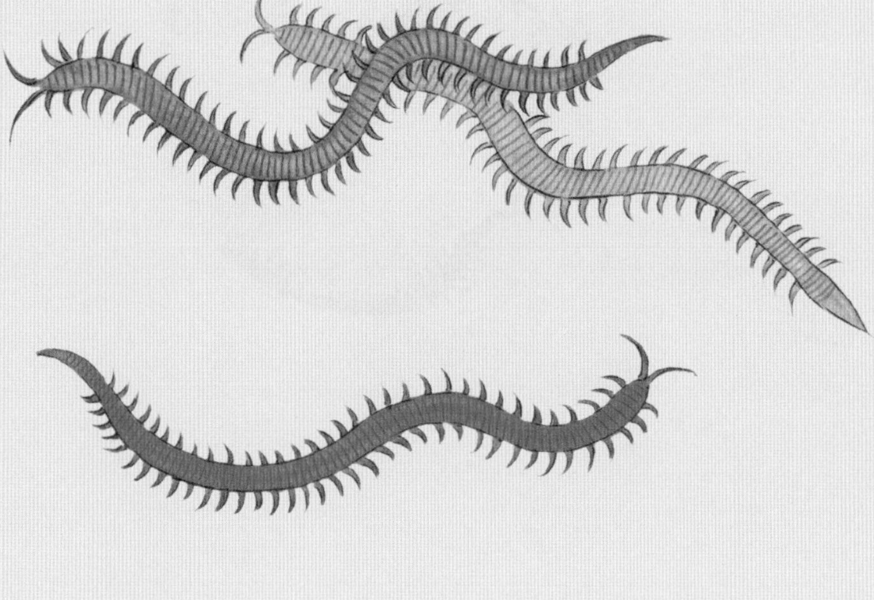

謝若愚曰海蜈蚣在海底風將作則此物多入網而無魚蝦按海蜈蚣一名流螭生海泥中隨潮飄蕩與魚蝦侶桑若螞蝗兩旁𧿹排肉刺如蜈蚣之足其質灰白而斷紋作淺藍色足如萊葉綠漁人縱得不鬻於市人多不及見而海魚吞食每剖魚得厥狀考之類書志書通不載詢之土人知為海蜈蚣得圖其狀更詢海人以此物亦可食否曰漁人識此者多能烹而啖之其法以油炙于鑊用釅醋捘爆綻出膏液青黄雜錯和以雞蛋而以油炙食之味腴嘗聞蟒蛇至大神龍至靈而反見畏於至小至拙之蜈蚣今海中之形確肖疑洪波巨浸之中亦必有以制毒蛇妖龍也亦有紅黄二種附繪考字彙魚部有鯸鯲二字疑指魚

海蜘蛛

海蜘蛛赞：海山蜘蛛，大如车轮。虎豹触网，如系蝇蚊。

海蜘蛛，产海山深僻处，大者不知其几千百年。舶人樵汲或有见之，惧不敢进。或云年久有珠，龙常取之。《汇苑》载：海蜘蛛巨者若丈二车轮，文具五色[1]。非大山深谷不伏，游丝隘中，牢若絙[2]缆。虎豹麋鹿间触其网，蛛益吐丝纠缠，卒[3]不可脱，俟其毙腐乃就食之。舶人欲樵苏[4]者，率百十人束炬[5]往，遇丝辄燃。或得其皮为履，不航而涉。愚按：天地生物，小常制大。蛟龙至神，见畏于蜈蚣；虎豹至猛，受困于蜘蛛；象至高巍，目无牛马，而怯于鼠之入耳；鼋至难死，支解[6]犹生，而常毙于蚊之一啄。物性受制，可谓奇矣。

[1] 五色：指青、黄、赤、白、黑五色，也泛指各种色彩。[2] 絙（gēng）：粗绳子。[3] 卒：最终。[4] 樵苏：砍柴刈草。[5] 束炬：举火把。[6] 支解：同“肢解”。

｜译文｜

海蜘蛛产在海山深远偏僻的地方，大的不知道有几千几百岁。船夫砍柴打水时偶尔能见到，恐惧得不敢上前。有人说海蜘蛛生长时间长了就长有珠子，龙常常把珠子取走。《汇苑》里记载：海蜘蛛大的像一丈二尺的车轮，花纹具备各种颜色。它非大山深谷不藏身，在狭窄的地方结网，蛛丝牢固得像粗缆绳。虎豹麋鹿偶尔触碰到它的网，海蜘蛛就吐出更多的丝纠缠，最终使猎物不能逃脱，等它们死后腐烂了，它才去吃它。船夫如果想打柴取水，往往带领百十个人举着火炬前往，遇到蛛丝就点燃。有人得到了它的皮做成了鞋，不用坐船就能蹚水而过。愚按：天地万物，小的常常能制服大的。蛟龙是最神异的，畏惧于蜈蚣；虎豹是最凶猛的，受困于蜘蛛；大象是最高大的，不把牛马放在眼里，却害怕老鼠钻进耳朵里；鼋的生命力最强，被肢解了还能活着，却常常死于蚊子的一下叮咬。生物的习性相互制约，可以说太神奇了。

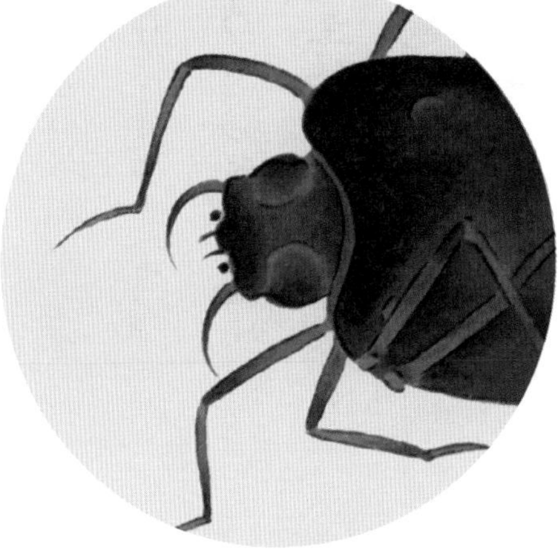

海蜘蛛產海山深僻處大者不知其幾千百年舶人樵汲或有見之懼不敢進或云年久有珠龍常取之彙苑載海蜘蛛巨者若丈二車輪文具五色非大山深谷不伏遊絲隘中牢若絙纜虎豹麋鹿間觸其絲蛛益吐絲糾纏卒不可脫俟其斃腐乃就食之舶人欲樵蘇者率百十人束炬往遇絲輙燃或得其皮為屐不航而涉愚按天地生物小常制大蛟龍至神見畏於蜈蚣虎豹至猛受困於蜘蛛象至高巍目無牛馬而怯于鼠之入耳鼃至難死支解猶生而常斃于蚊之一啄物性受制可謂奇矣

海蜘蛛贊

海山蜘蛛大如車輪
虎豹觸網如縶蠅蚊

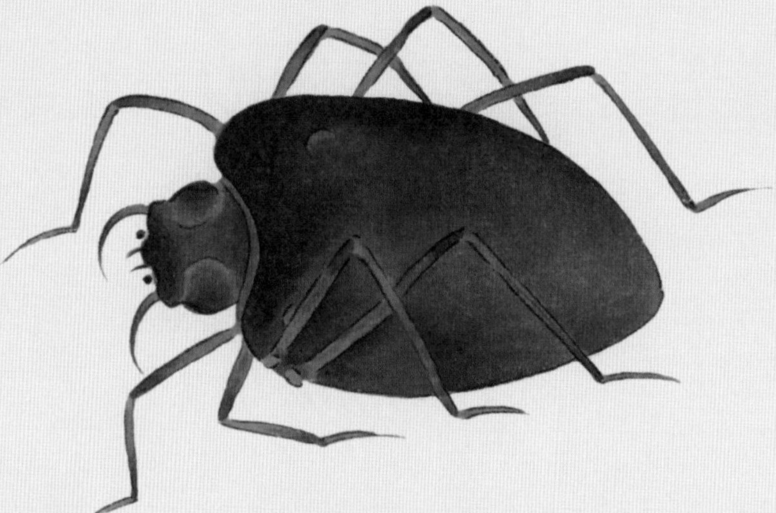

泥　蛋

泥蛋赞：形似卵黄，味等龙肠。锡以美名，龙蛋可尝。

泥蛋，形长圆而色浅红。亦名“海红”，又名“海橘”。生海水石畔，冬春始有，剖之腹有小肠。产连江等处。为羹性冷，味同龙肠，宴客为上品。考《字汇》、韵书有“卵”字，无“蛋”字，盖俗称也。

| 译文 |

泥蛋，形状长圆而颜色浅红。它也叫“海红”，又名“海橘”。它生在海边石畔，冬春季节才开始有，剖开它，肚子里有小肠。这种动物产在连江等处。制成羹，食性很冷，味道跟龙肠一样，是宴客的上品。考查《字汇》和韵书，里面有“卵”字，没有“蛋”字，“泥蛋”大概是个俗称。

泥蛋形長圓而色淺紅亦名海紅又名海橘生海水石畔冬春始有剖之腹有小腸產連江等處為羹性冷味同龍腸宴客為上品考字彙韻書有卵字無蛋字蓋俗稱也

泥蛋贊

形似卵黄味等龍腸
錫以美名龍蛋可嘗

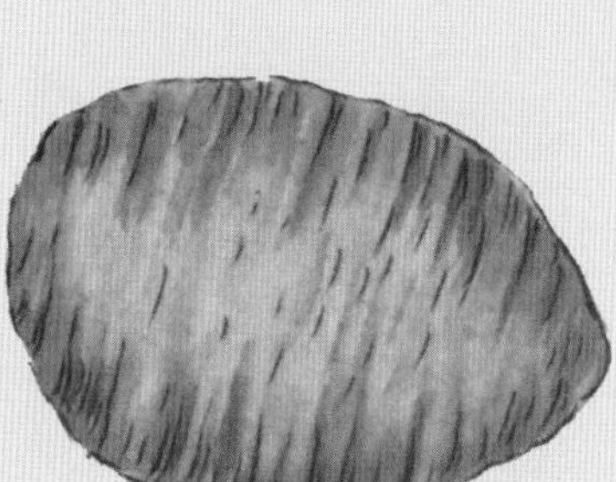

海　参

海参总赞：龙宫有方，久传海上。食补胜药，参分两样。

考《汇苑》异味、海味及珍馔，内无海参、燕窝、鲨翅[1]、鳆鱼四种。则今人所食海物，古人所未及尝者多矣。若是则郇公之香厨[2]、段氏[3]之《食经》岂不尚有遗味耶？张汉逸曰：“古人所称八珍[4]，亦无此四物。”鳆鱼《本草》内开载，海参不知兴于何代。其味清而腴，甚益人，有人参之功，故曰“参”。然有二种，白海参产广东海泥中，大者长五六寸，背青腹白而无刺。采者剖其背，以蛎灰腌之，用竹片撑而晒干，大如人掌。食者浸泡去泥沙，煮以肉汁，滑泽如牛皮而不酥。产辽东、日本者，亦长五六寸不等，纯黑如牛角色，背穹[5]腹平，周绕肉刺，而腹下两旁列小肉刺如蚕足。采者去腹中物，不剖而圆干之，烹洗亦如白参法，柔软可口，胜于白参，故价亦分高下也。迩来[6]酒筵所需，到处皆是。食者既多，所产亦广。然煮参非肉汁则不美。日本人专嗜鲜海参、柔鱼、鳆鱼、海鳅肠以谶[7]客，而不用猪肉，以其饲秽，故同回俗，所烹海参必当无味。予谓鲜参与干参要必有异，外国之味姑且无论，第就辽、广二参以辨高下，盖有说焉：广东地暖，制法不得不用灰，否则糜烂矣。既受灰性，所以煮之多不能烂。辽东地气寒，参不必用灰而自干，本性具在，故煮亦易烂而可口，所以有美恶之分。且北地之物，性敛于内，诸味皆厚；广南之物，性散于外，诸味皆薄。粤谚有之曰：“花无香，食无味。”海参其一端也。汉逸曰：“然哉！”方若望曰：“近年白海参之多，皆系番人以大鱼皮伪造。”嗟乎！迩来酒筵之中，鹿筋以牛筋假，鳆鱼以巨头螺肉充，今又有假海参，世事之伪极矣！

[1] 鲨翅：即鲨鱼翅，也称“鱼翅”，指鲨鱼的鳍，在古代曾经是食材。在现代社会，鲨鱼是需要保护的珍稀野生动物，吃鱼翅的行为已经受到越来越多有识之士的反对。根据我国的相关规定，不得在公务接待中提供鱼翅等以珍稀动物为食材制作的菜肴。[2] 郇（xún）公之香厨：唐代韦陟（zhì），袭封郇国公，为人奢侈放纵，热衷于饮食，厨中多美味佳肴。后人以“郇公厨”称膳食精美的人家。[3] 段氏：指唐代的段文昌、段成式父子。两人都是精于饮馔的美食家，段文昌曾经撰写《食经》五十卷。此书今已散佚。部分内容可能保留在段成式所著的《酉阳杂俎》一书中。[4] 八珍：古代菜肴中的八种珍稀之品。不同朝代、不同地区关于它是哪八种食材都有不同的说法。值得一提的是：以前的八珍中，有很多现在已属于保护动物，国际上明令禁止捕杀食用。对食用珍稀野生动物的行为，应该依法予以惩处。[5] 穹：隆起。[6] 迩来：近来。[7] 讌：同“宴”。

| 译文 |

考查《汇苑》里关于异味、海味及珍馔的记载，里面没有海参、燕窝、鲨鱼翅、鳆鱼这四种。可见现代人所吃的海物，古人没尝过的太多了。如果是这样，那么郇公的香厨、段文昌父子的《食经》里岂不是都有遗漏的美味吗？张汉逸说：“古人所称的八珍里面，也没有这四种东西。”鳆鱼是从《本草》里才开始记载的，海参不知兴起于什么年代。它的味道清香而醇厚，对人非常有好处，有人参一样的功效，所以被称为“参”。然而海参有两种，白海参产于广东海泥中，大的长五六寸，背部青色，腹部白色而没有刺。采参的人剖开它的后背，用牡蛎灰腌制，然后用竹片撑起来晾干，大小像人的手掌。食用前先泡发再洗去泥沙，用肉汁煮制，表面光滑如牛皮，而肉质也不会太软烂。产于辽东、日本的海参，也长五六寸不等，纯黑得像牛角的颜色，背部隆起，腹部平坦，周身长着肉刺，腹下两旁排列着像蚕足一样的小肉刺。采参的人去掉它肚子里的东西，不剖开而是整只晾干，烹洗的方式也跟白参一样。它柔软可口，味道超过白参，所以价格自然也有高下之分。近来酒筵所需，到处都是。食用它的人多了，所产自然也多了。然而煮海参非肉汁则味道不美。日本人特别喜欢用鲜海参、柔鱼、鳆鱼、海鳅肠来宴请客人，他们不用猪肉，是因为嫌喂它的饲料不卫生，所以这种不吃猪肉的风俗跟回民的饮食习惯一样，由此推之，日本人烹制的海参一定没什么滋味。我认为鲜海参与干海参一定有差别，外国的食材姑且不论，单就辽、广两地所产的海参来辨别高下，有这样的说法：广东气候暖，干制时不得不用牡蛎灰，否则就会糜烂。海参既然掺杂了灰性，所以煮的时候大多难以煮烂。辽东地气寒冷，海参不必用灰而自己能干，未改变其本性，所以煮的时候也就容易软烂而且可口，优劣之分不言而喻。况且北方的食物，本性收敛于内，各种味道都比较醇厚；广南的食物，本性都发散于外，各种味道都比较淡薄。广东地区有谚语说："花没有香味，食物没有滋味。"海参就是其中的一个方面。张汉逸说："确实是这样啊！"方若望说："近年来白海参多，都是洋人用大鱼皮伪造的。"哎呀！近来酒筵之中，鹿筋用牛筋代替，鳆鱼以巨头螺的肉冒充，现在又有假海参，世界上的事都太能造假了！

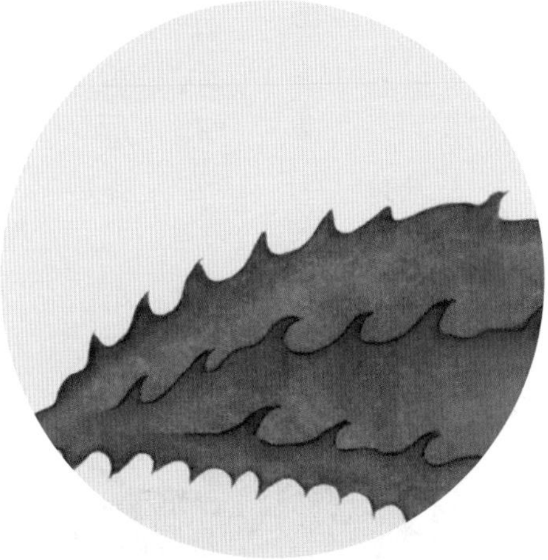

讌客而不用豬肉以其飼穢故同回俗所烹海參必當無味予謂鮮參與乾參要必有異外國之味姑且無論第就遼廣二參以辨高下蓋有說焉廣東地煖製法不得不用灰否則糜爛矣既受灰性所以煮之多不能爛遼東地氣寒參不必用灰而自乾本性具在故煮亦易爛而可口所以有美惡之分且北地之物性歛於內諸味皆厚廣南之物性散於外諸味皆薄粵諺有之曰花無香食無味海參其一端也漢逸曰然哉方若望曰近年白海參之多皆係番人以大魚皮偽造嗟乎邇來酒筵之中鹿筋以牛筋假鰻魚以巨頭螺肉充今又有假海參世事之偽極矣

海參總贊

龍宮有方久傳海上
食補勝藥參分兩樣

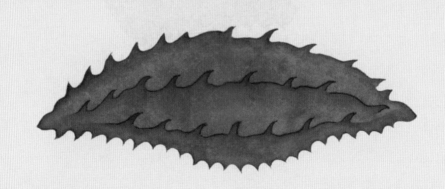

考彙苑異味海味及珍饌內無海參燕窩鯊翅鰒魚四種則今人所食海物古人所未及嘗者多矣若是則郇公之香廚段氏之食經豈不尚有遺味耶張漢逸曰古人所稱八珍亦無此四物鰒魚本草內開載海參不知興於何代其味清而腴甚益人有人參之功故曰參然有二種白海參產廣東海泥中大者長五六寸背青腹白而無刺採者剖其背以蠣灰醃之用竹片撐而晒乾大如人掌食者浸泡去泥沙煮以肉汁滑澤如牛皮而不酥產遼東日本者亦長五六寸不等純黑如牛角色背穹腹平週繞肉刺而腹下兩旁列小肉刺如蠶足採者去腹中物不剖而圓乾之烹洗亦如白參法柔軟可口勝於白參故價亦分高下也邇來酒筵所需到處皆是食者既多所產亦廣然煮參非肉汁則不美日本人專嗜鮮海參柔魚鰒魚海鰍腸以

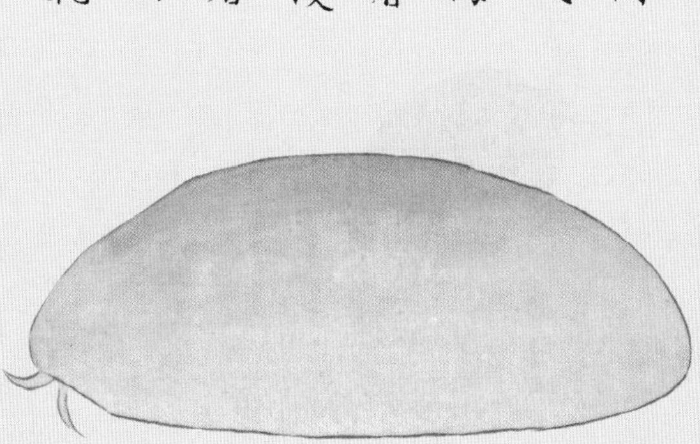

土鱉背微突體圓長而綠色黑點畧如荷錢前有兩鬚口在其下腹白如鱉裙吸粘海巖上海人取而食之鮮入市賣不在人耳目也

土鱉贊

青錢選中色侔蒼菌
小小土鱉亦海守神

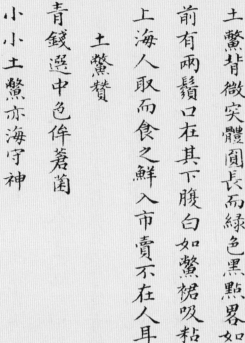

土　鳖

土鳖赞：青钱选中，色侔苍菌。小小土鳖，亦海守神。

土鳖，背微突，体圆长而绿色，黑点略如荷钱[1]。前有两须，口在其下。腹白如鳖裙[2]，吸粘海岩上。海人取而食之，鲜入市卖，不在人耳目也。

[1] 荷钱：状如铜钱的初生小荷叶。[2] 鳖裙：鳖的背甲四周的肉质软边，有的地区也称之为“鳖边”。

｜译文｜

土鳖，后背微突，身体圆长而呈绿色，黑点大致像初生的荷叶那么大。它的前面有两条须子，口在下面。腹部呈白色，像鳖的背甲四周的肉质软边，能吸附在海中的岩石上。生活在海边的人捕到后通常留给自己食用，很少拿到市场上去售卖，故世人基本没看到过，也没听说过。

柔 鱼

柔鱼赞：柔鱼名柔，亦号八带。珍错佳品，奈产海外。

柔鱼，略似章鱼而大，无鳞甲，止有一薄骨，八足亦如章鱼而短，故泉人亦称为“八带鱼”。多产日本、琉球外洋边海，罕得。今福省所有者，皆番舶[1]以干醋[2]来售，酒炙可食，其味甚美。柔鱼之名不见典籍，然《篇海》《字汇·鱼部》有“鰇”字，应指此鱼也，而注曰“鱼名”。昔人虽未因字以考鱼，予偶得，即鱼以考字。乃因“鰇”字而验柔鱼，不觉猛省。字书鱼部，凡有名之鱼，必然无不开载，若“魜”“魮”“魛”“鮣”“鮇”“鮹”“鮻”“鯺”“鰑”“鍛”“鮩”“鮗”“鱨”“鯗”“魨”“鱶”“䰳”“鰢”“魼”“鮸”“鱌”“鯱”“䱐”“鯆”“䲙”“鲌”“魦”“魡”“鱝”“鯲”“鰥”“鰠”“鱳”“鱞”“鯴”等字，字书虽不注明，而以“鰇”字推之，信乎！一鱼有一字矣。此日大快，每得一字必浮一大白[3]。柔鱼身弱而轻，在大海洪波之中何能自主？今造物亦付以二长带。闻舶人云亦能如乌鲗[4]，遇大风则以须粘宕石上。渔人以是候之。

[1] 番舶：来华贸易的外国商船。[2] 干醋：疑为“干腊（xī）”的笔误。干腊：干肉。[3] 浮一大白：满饮一大杯酒。[4] 鲗：音zéi。

| 译文 |

柔鱼，略像章鱼而比章鱼大，没有鳞甲，只有一片薄薄的鱼骨，八只脚也像章鱼的脚但略短些，所以泉州人也称它为“八带鱼”。它多产自日本、琉球的外洋边海，很少能捉到。现在福建省市面上所能见到的，都是从国外运来的干货，加上酒烤着吃，味道非常美。柔鱼的名字不见于典籍，然而《篇海》《字汇·鱼部》里有“鰇”字，应该指的是这种鱼，况且注释说是“鱼名”。古人虽没有就文字考证鱼名，但我偶然想到了这点，决定从鱼名考证相关的字。这次由“鰇”字而验证柔鱼，不觉猛然省悟。字书里的鱼部，凡有名的鱼，必然无不记载，比如“魞”“魤”“魛”“鮣”“䱃”“鮹”“鮻”“鋸”“鯡”“鮅”“鮣”“鮅”“鱳”“鰲”“魨”“鱙”“魺”“鰢”“魷”“魹”“鱌”“鱺”“鮃”“鯆”“鮰”“鮊”“魦”“魡”“鱝”“鰣”“鰔”“鰠”“鱢”“鱞”“鱴”等字，字书里虽然没有注明，但以“鰇”字可以推断出来，一种鱼对应着一个字。确实如此啊！当日我心情特别好，每弄明白一个字就喝一大杯酒。柔鱼身弱体轻，在大海洪波之中怎么能够自主沉浮呢？现在造物主并没有薄待它，给了它两条长须。听船夫说，它也能像乌贼一样，遇到大风就用须子粘在大石头上。渔民就根据这个习性来捕捉它。

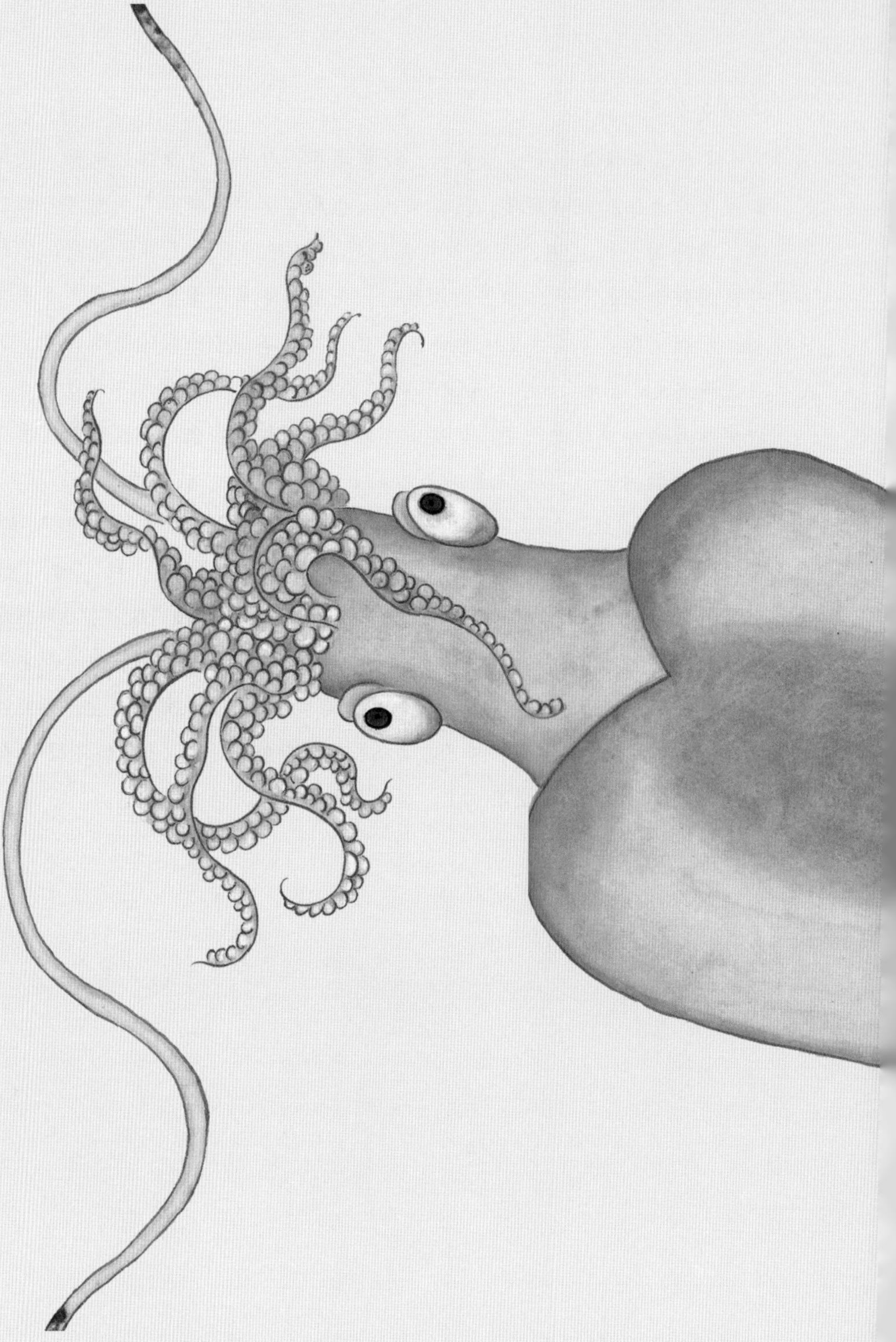

柔魚畧似章魚而大無鱗甲止有一薄骨八足亦如章魚而短故泉人亦稱爲八帶魚多產日本琉球外洋邉海罕得今福省所有者皆番舶以乾醋來售酒炙可食其味甚美柔魚之名不見典籍然篇海字彙魚部有鰇字應指此魚也而註曰魚名昔人雖未由字以考魚予偶得即魚以考字乃由鰇字而驗柔魚不覺猛省字書魚部凡有名之魚必然無不開載若魞魤魛⿰魚卩⿰魚矣鮹鮻⿰魚居⿰魚飛鰕⿰魚斤⿰魚公⿰魚雙鯊魨⿰魚㬎⿰魚斗鰢⿰魚犬鮸鱌⿰魚鹿⿰魚孚鯆鮂鮊⿰魚小⿰魚了鱝⿰魚孛⿰魚既鰠鱞鱞⿰魚戔等字字書雖不註明而以鰇字推之信乎一魚有一字矣此日大快每得一字必浮一大白

柔魚身弱而輕在大海洪波之中何能自主今造物亦付以二長帶閒舶人云亦能如烏鰂遇大風則以鬚粘宕石上漁人以是候之

柔魚賛

柔魚名柔亦號八帶
珍錯佳品柰產海外

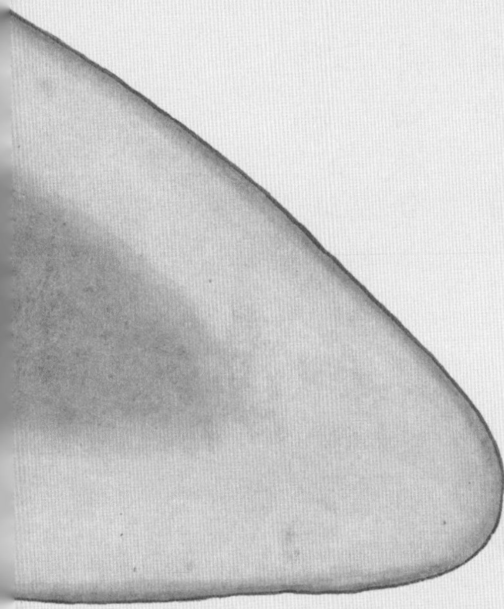

泥筍一名泥線福寧州志有泥線即此也生海塗泥中狀如蚯蚓藍色作月白紋食者先洗淨復用滚水煮去泥氣用油炒食味亦清美漳州府志復載泥筍

泥筍贊

曰筍曰線狀皆未如
鼎湖昇後墮落龍鬚

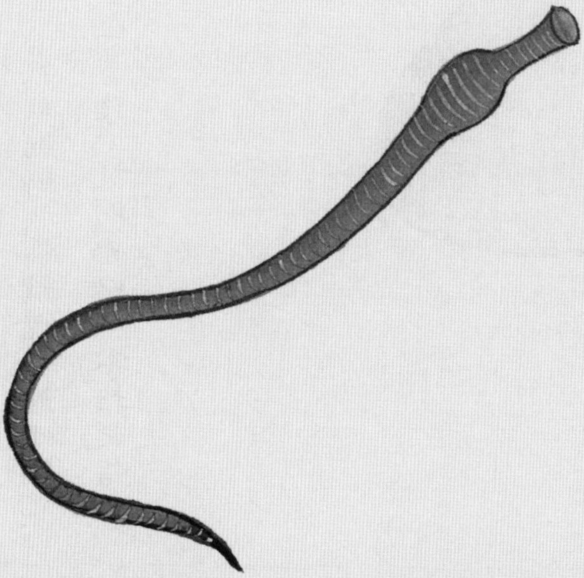

泥　笋

泥笋赞：曰笋曰线，状皆未如。鼎湖升后，堕落龙须。

泥笋，一名“泥线”。《福宁州志》有“泥线”，即此也。生海涂泥中，状如蚯蚓，蓝色，作月白纹。食者先洗净，复用滚水煮去泥气，用油炒食，味亦清美。《漳州府志》复载“泥笋”。

| 译文 |

泥笋，又叫“泥线”。《福宁州志》里载有“泥线”，就是这种东西。它生在滩涂的泥中，样子像蚯蚓，通体蓝色，有月白色纹路。食用者先把它洗净，再用滚水煮去泥气，用油炒食，味道清淡鲜美。《漳州府志》里也记载有“泥笋”。

土　肉

土肉赞：土生肉芝，食者能仙。海产土肉，仅堪烹鲜。

广东海滨产一种土肉，类章鱼而长，多足[1]。粤人柳某为予图述。考《粤志》有“土肉”，云状如儿臂而有三十余足。

[1] 足：这里指触须。

| 译文 |

广东海滨出产一种土肉，像章鱼但比章鱼长，有很多触须。广东人柳某为我画图描述。查证《粤志》，里面有“土肉”，书里说它的样子像儿童的胳膊而有三十多只触须。

廣東海濵産一種土肉類章魚
而長多足粤人栁某爲予圖述
考粤志有土肉云狀如兒臂而
有三十餘足

土肉贊

土生肉芝食者能仙
海産土肉僅堪烹鮮

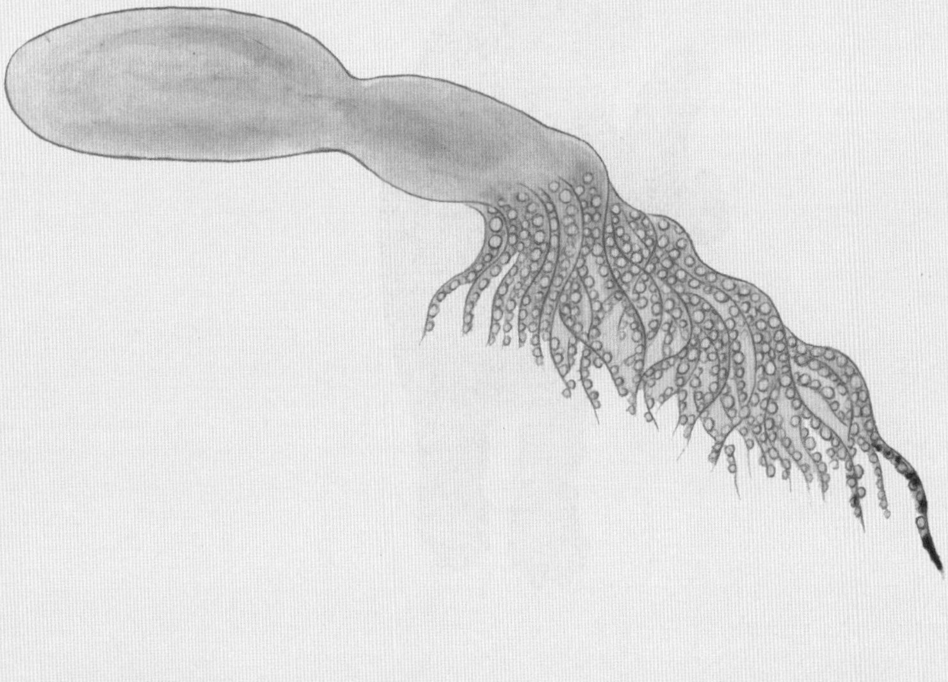

海和尚鱉身人首而足稍長廣東新語具載然未有人親見則難圖康熙二十八年福寧州海上網得一大鱉出其首則人首也觀者驚怖投之海此即海和尚也楊次闢圖述

海和尚贊

海中和尚本不求施
危舟撒米乞僧視之

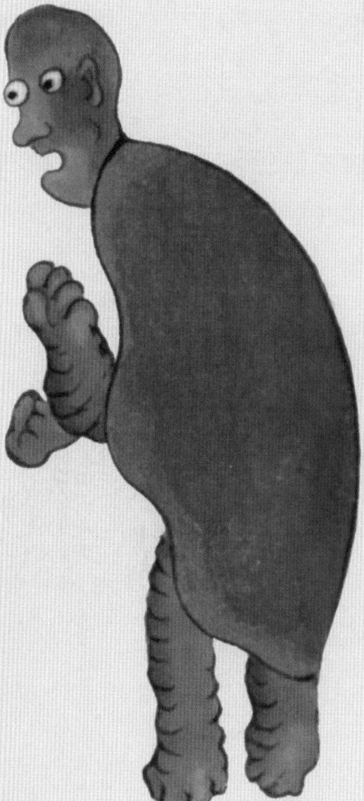

海和尚

海和尚赞：海中和尚，本不求施。危舟撒米，乞僧视之。

海和尚，鳖身人首，而足稍长。《广东新语》具载，然未有人亲见，则难图。康熙二十八年[1]，福宁州海上网得一大鳖，出其首则人首也，观者惊怖，投之海。此即海和尚也。杨次闻图述。

[1] 康熙二十八年：公元1689年。

｜译文｜

海和尚，长着鳖的身体、人的脑袋，脚比鳖稍微长些。《广东新语》里有详细记载，但没有人亲眼见过，因此难以画下来。康熙二十八年，福宁州渔夫出海打鱼网得一只大鳖，出水的时候发现它的脑袋是人的脑袋，围观的人非常惊恐，把它投回海中。这就是海和尚。杨次闻画图描述。

寿星章鱼

寿星章鱼赞：螺藏仙女，蛤变观音。章鱼效尤，相现寿星。

康熙二十五年[1]，松江金山卫王乡宦[2]建花园。适有渔人网得章鱼，异状：头如寿星，两目炯炯，一口洞然，有肉累累，如身之趺坐[3]状而二足。盖章鱼之变相者也。渔人以足旋绕其身，置于盘内，献之王宦，谓天有长庚星[4]，海有老人鱼，新建花园而有此吉兆，禄寿绵长之征，非偶然也。观者数千人叹以为异。乃赏之，仍令放归于海，似即"海童"。

[1] 康熙二十五年：公元1686年。[2] 乡宦：乡村中做过官又回乡的人；泛指致仕还乡的官员。[3] 趺（fū）坐：双足交叠而坐，佛教徒打坐时用此坐姿。[4] 长庚星：金星。在古代，金星早上出现时被称为启明星，黄昏出现时被称为长庚星。明代以后，神话故事里把长庚星想象成一个鹤发童颜的老人，再加上"长庚"的"庚"有"年龄"的意思，所以长庚星往往被当作长寿的象征。

| 译文 |

康熙二十五年，松江金山卫的王姓乡宦建花园。正好有渔夫网得一只章鱼，这只章鱼的样子很特别：头像寿星，双眼明亮，一张嘴空旷似洞，有一层一层的肉，身体像僧人打坐时的样子而另有两只脚。大概是章鱼的变种。渔夫用它的脚盘绕它的身体，把它放在盘中，献给王姓乡宦，说天上有长庚星，海里有老人鱼，新建花园有这样的吉兆，是禄寿绵长的征兆，不是偶然的。围观之人达数千，都赞叹这是奇观。王姓乡宦很是高兴，重重打赏渔夫，令其将它放归大海，似乎这就是"海童"。

康熙二十五年松江金山衛王鄉官建花園適有漁人網得章魚異狀頭如壽星兩目炯炯一口洞然有肉纍纍如身之趺坐狀而二足蓋章魚之變相者也漁人以足旋繞其身置於盤内獻之王官謂天有長庚星海有老人魚新建花園而有此吉兆禄壽綿長之徵非偶然也觀者數千人嘆以為異乃賞之仍令放歸於海似即海童

壽星章魚贊

螺藏仙女蛤變觀音

章魚效尤相現壽星

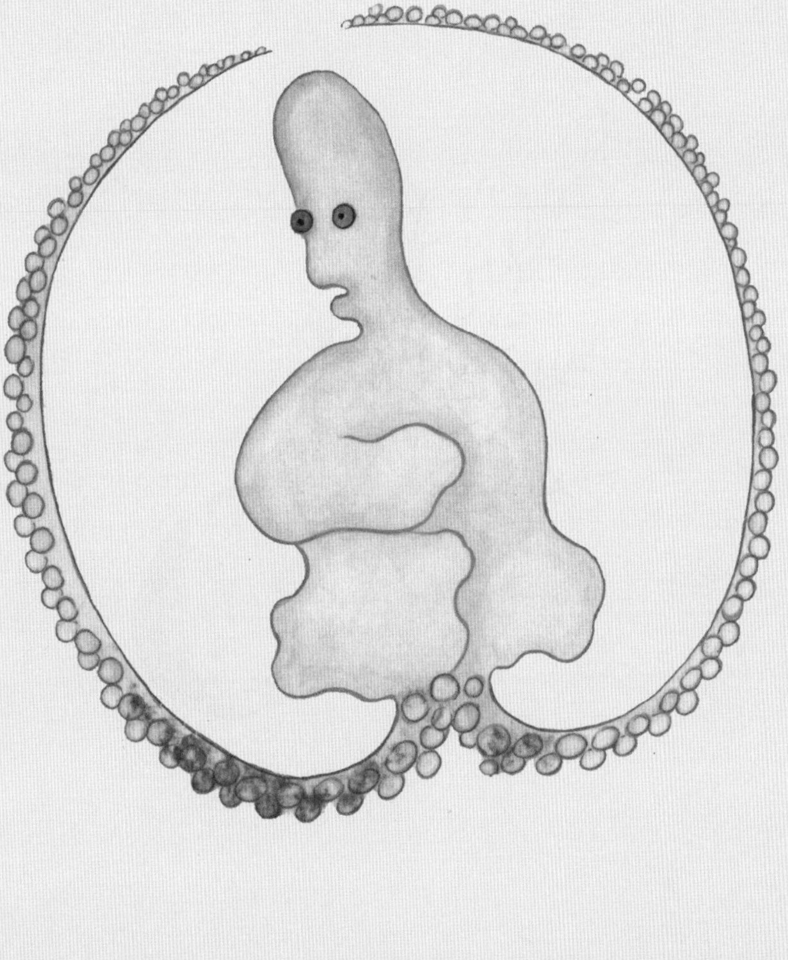

泥刺大頭足軟肉可食其生刺
處有膜不堪食乾之亦可寄遠
產福寧州海塗

泥刺贊

詩歌牆茨云不可掃
泥中有刺亦不可道

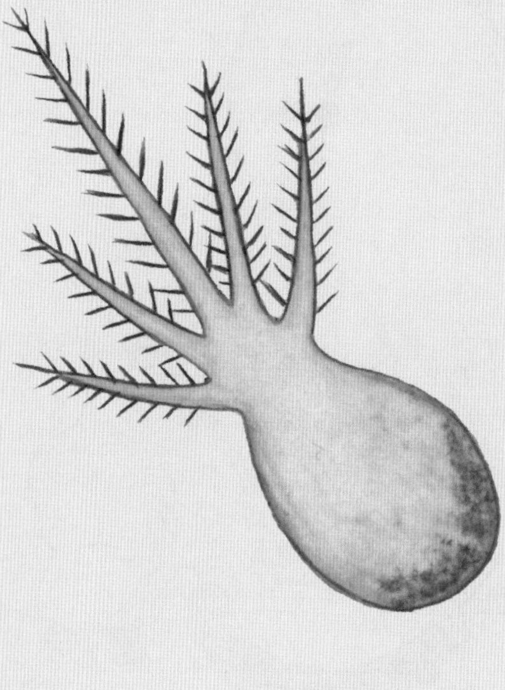

泥　刺

泥刺赞：《诗》歌墙茨，云不可扫。泥中有刺，亦不可道。

泥刺，大头，足软，肉可食。其生刺处有膜，不堪食。干之亦可寄远。产福宁州海涂。

| 译文 |

泥刺，头大，脚软，肉可以吃。它长刺的地方有膜，不能吃。这种东西晾干之后也可以寄到远方。它产于福宁州的海边滩涂。

鬼头鱼

鬼头鱼赞：章鱼生刺，大而且伟。魍魉为俦，鱼中之鬼。

康熙十五年[1]，李闻思同周姓友人客松江、上海。过穿沙营，海上渔网中偶得大章鱼，状如人形，约长二尺，口目皆具。自头以下则有身躯，两肩横出，但少臂耳，身以下则八脚长拖，仍与章鱼无异，满身皆肉刺。初入网如石首鱼鸣，七声毕即毙，渔人叹为罕有。观者甚多，无人敢食。此鬼头鱼也。按：海和尚，往往闻舶人云能作祟，每遇海舟，欲缘而上，千万为群。偏附舡旁，能令舟覆。舵师见之，必亟撒米，并焚纸钱求福，始免。然但闻其说，而见其形者几人哉？今三[2]得其状，以证木华《海赋》所谓“海童邀路[3]”之说为不虚。

[1] 康熙十五年：公元1676年。[2] 三：多次。但前文并未提到多次见到此物。疑此处“三”字或为衍文、或系笔误。[3] 海童邀路：木华《海赋》中的句子。海童：传说中的海中神童。邀路：遮路。

| 译文 |

康熙十五年，李闻思和一个周姓友人客居松江、上海。经过穿沙营，有渔夫偶然捕得大章鱼，样子像人形，约长两尺，眼睛和嘴都具备。头部以下就是身躯，两肩横出，只是缺少手臂而已，身体下面则长长地拖着八只脚，与章鱼没有差别，满身都是肉刺。刚入网时像石首鱼那样叫，七声叫完就死了，渔夫感叹很少遇到这种章鱼。闻讯前来观看的人很多，但没有人敢吃。这就是鬼头鱼。按：海和尚，常听船夫说它爱捣乱，每遇到海船就想攀缘而上，成千上万集结成群。若附着在船的单侧，能使船倾覆。船长见此情景，必须赶紧撒米，并焚烧纸钱以祈求神灵保佑，如此方能幸免。然而这只是道听途说，真正遇此情况的又有几个人呢？现在多次了解到它的样子，可以用来证实木华《海赋》里所描写的“海童遮蔽道路”的说法不假。

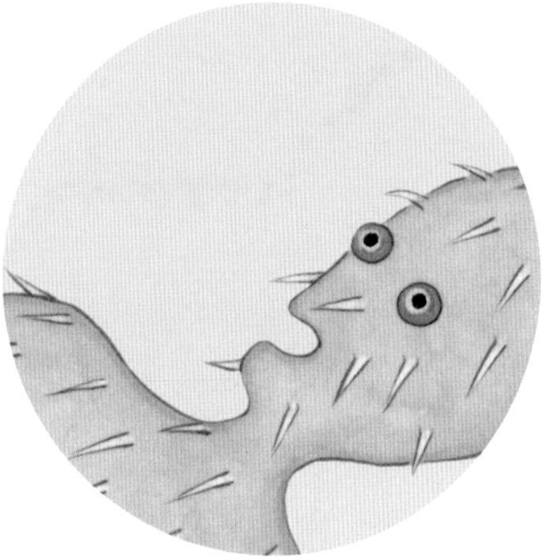

者幾人哉今三得其狀以証木華海賦所謂海童邀路之説為不虚

鬼頭魚賛

章魚生刺大而且偉
魍魎為儔魚中之鬼

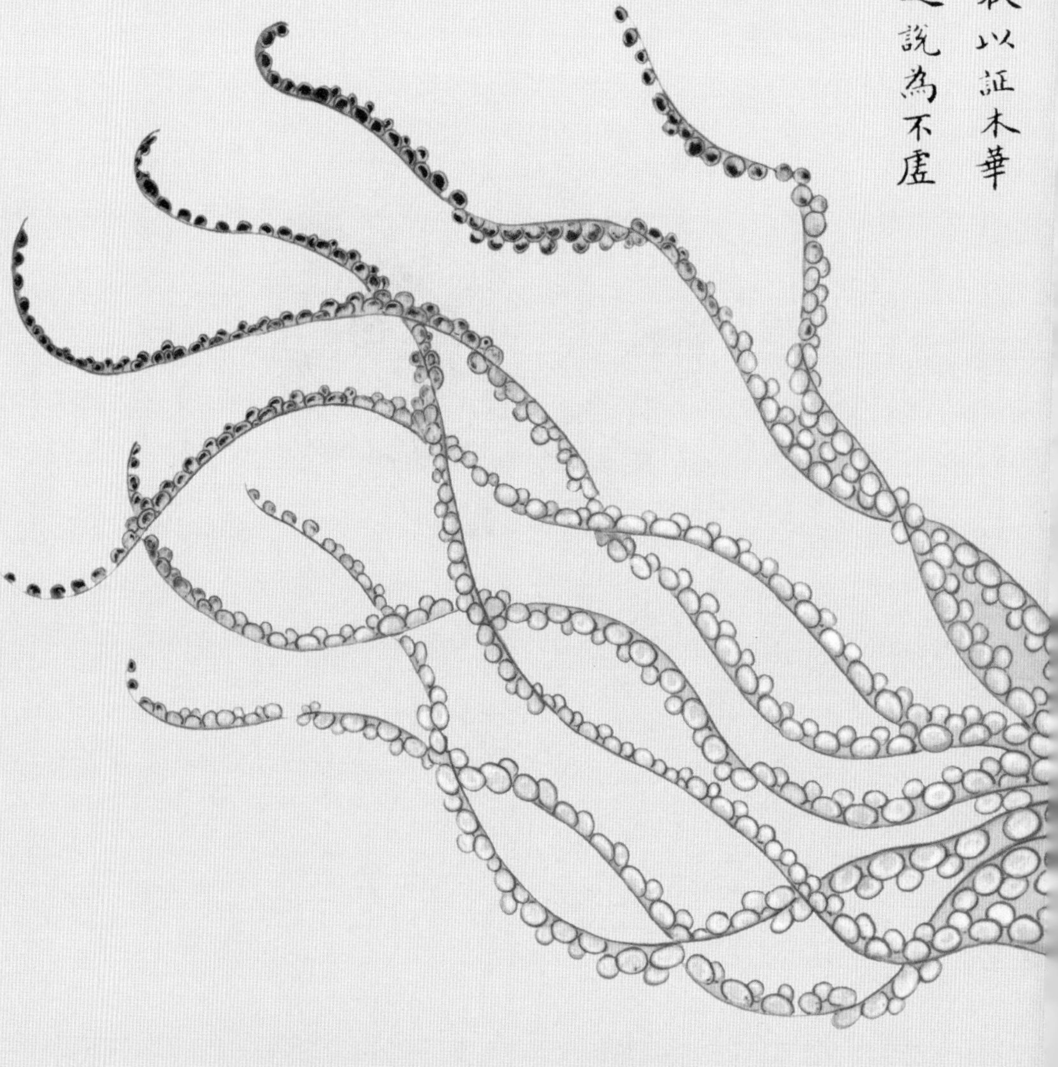

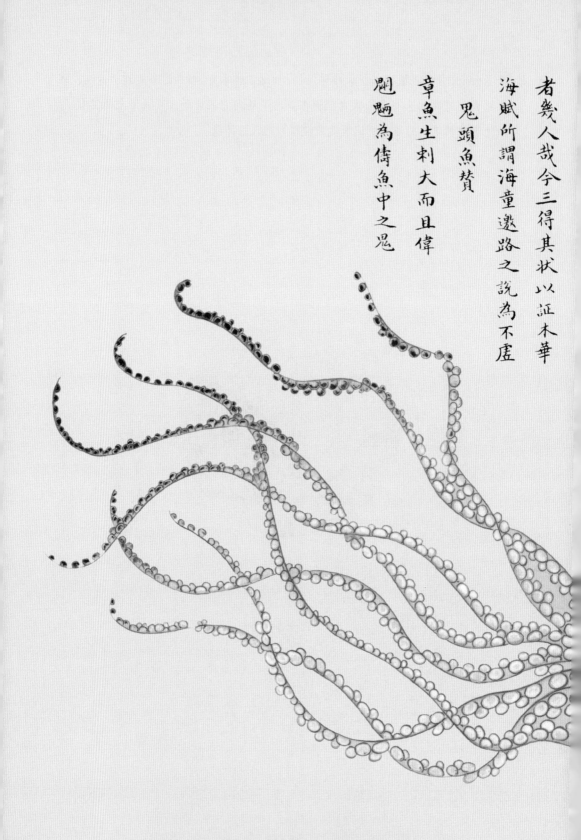

康熙十五年李聞思同周姓友人客松江上海過穿沙營海上漁網中偶得大章魚狀如人形約長二尺口目皆具自頸以下則有身軀兩肩横出但少臂耳身以下則八脚長拖仍與章魚無異滿身皆肉刺初入網如石首魚鳴七聲畢即斃漁人歎為罕有觀者甚多無人敢食此鬼頭魚也按海和尚往往聞船人云能作祟每遇海舟欲緣而上千萬為羣徧附舡旁能令舟覆舵師見之必亟撒米并焚紙錢求福始免然但聞其説而見其形

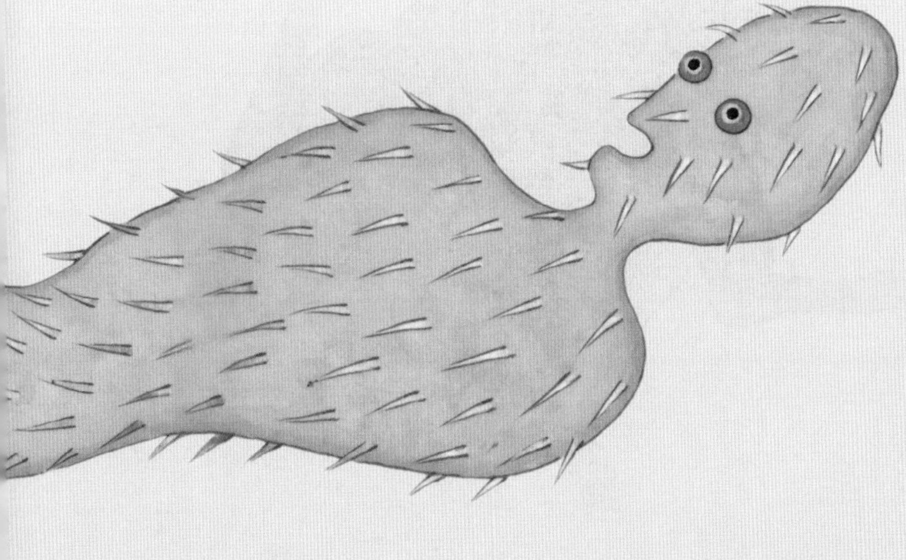

朱蛙產温州平陽海塗田野間背大紅色腹白狀如常蛙惟眼金色光華灼爍有異冬月始有然偶有遇之取以為玩者不可多得王士俊親見為予圖述閩人云吾福清亦間有此甚大約重八九兩全體赤色可愛土人名為朱雞捕者偶得不敢食云為此方眞人廟神物多舍之然有朱蛙處羣蛙不敢鳴亦奇

朱蛙賛

葛仙煉丹遺有竈窩
炭火如拳變為蝦蟇

朱　蛙

朱蛙赞：葛仙炼丹，遗有灶窝。炭火如拳，变为虾蟆。

朱蛙，产温州平阳海涂、田野间。背大红色，腹白，状如常蛙，惟眼金色，光华灼烁[1]有异。冬月始有，然偶有遇之取以为玩者，不可多得。王士俊亲见，为予图述。闽人云："吾福清亦间有此，甚大，约重八九两，全体赤色，可爱。土人名为'朱鸡'，捕者偶得，不敢食，云为此方真人庙神物，多舍之。然有朱蛙处，群蛙不敢鸣，亦奇。"

[1] 灼烁：有光彩的样子。

｜译文｜

朱蛙，产在温州平阳的滩涂、田野间。它后背呈大红色，腹部为白色，样子像一般的青蛙，但它的眼睛是金色的，光芒闪烁而极特别。这种朱蛙十一月的时候才有，偶有遇到的抓来作为玩物，不可多得。王士俊亲眼见到，为我画图描述。福建人说："我们福清有时也能看到这种蛙，它非常大，约重八九两，通体红色，很可爱。当地人称它为'朱鸡'，有人偶然捉到也不敢吃，说是当地真人庙里的神物，多将它放生。然而有朱蛙的地方，群蛙不敢鸣叫，也是奇怪的事儿。"

海粉虫

海粉虫赞：以虫食苔，取粉弃虫。比之蚕沙，取用正同。

海粉虫，产闽中海涂。形圆，径二三寸。背高突，黑灰色，腹下淡红色，如鳖裙一片。好食海滨青苔，而所遗出者即为海粉。闽人云：此虫食苔过多，常从其背裂迸出粉，海人乘时[1]收之则色绿，逾日则色黄，亚于绿色者矣。味清性寒，止堪作酒筵色料装点，咀嚼如豆粉而脆。或云能消痰，考《本草》不载。海粉虫，广东称“海珠”。

[1] 乘时：利用时机，及时。

| 译文 |

海粉虫，产自福建地区的海滩，呈圆形，直径两三寸。它的后背高高凸起，为黑灰色，腹部下面为淡红色，像鳖的背甲四周的肉质软边。它喜欢吃海滨的青苔，而分泌出来的东西就是海粉。福建人说：这种虫子吃海苔过多，常常从后背裂迸出粉，生活在海边的人若及时收集起来，颜色是绿的，超过一天就变成黄色的，质量比绿色的差。这种东西味清性寒，只能充当酒筵中起装点作用的肴菜，咀嚼起来像豆粉但比豆粉脆。有人说它能消痰，查证《本草》里没有记载。海粉虫，广东称海珠。

海粉虫產閩中海塗形圓徑二三寸背高突黑灰色腹下淡紅色如鱉裙一片好食海濱青苔而所遺出者即為海粉閩人云此虫食苔過多常從其背裂迸出粉海人乘時收之則色綠逾日則色黃亞於綠色者矣味清性寒止堪作酒筵色料裝點咀嚼如豆粉而脆或云能消痰考本草不載海粉虫廣東稱海珠

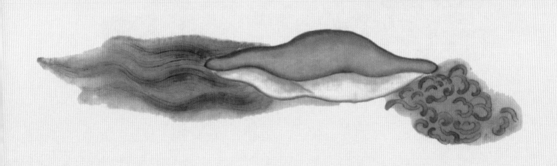

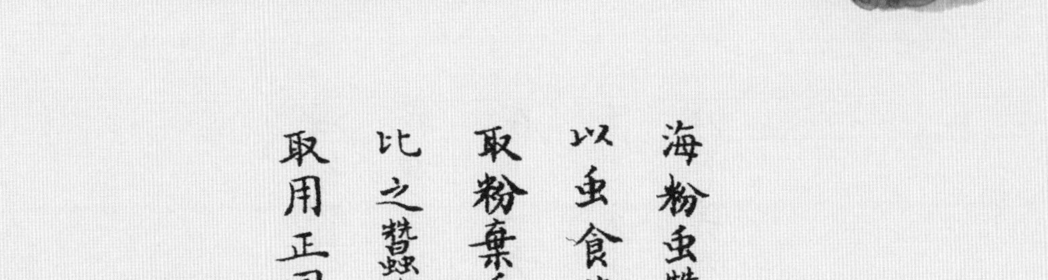

海粉虫贊

以虫食苔
取粉棄虫
比之蠶沙
取用正同

海苔本草與紫菜海藻並載云療癭瘤結氣功同今醫家止知海藻而已海苔浙閩海塗冬春為盛吾浙寧台温之苔頗美閭閻食此勝於醃虀一種淡苔尤妙暑月籠覆牲臠能令蜈蚣衆足不前亦一異也

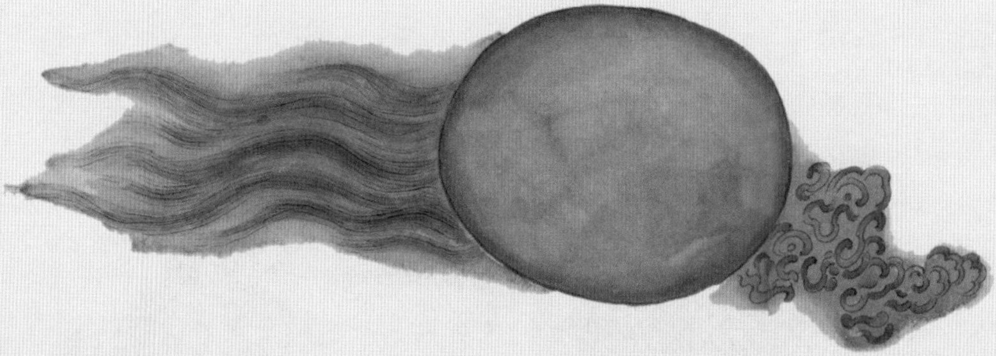

海苔贊

我有旨蓄
在水一方
薄言采之
承筐是將

海　苔

海苔赞：我有旨蓄，在水一方。薄言采之，承筐是将。

海苔，《本草》与紫菜、海藻并载，云疗瘿瘤[1]结气功同，今医家止知海藻而已。海苔，浙闽海涂冬春为盛，吾浙宁台温之苔颇美，闾阎[2]食此，胜于腌齑[3]。一种淡苔尤妙，暑月[4]笼覆牲脔，能令蜈蚣裹足不前，亦一异也。

[1] 瘿（yǐng）瘤：中医病名。生在皮肤、肌肉、筋骨等处的肿块。[2] 闾（lǘ）阎：平民百姓。[3] 齑（jī）：细切后用盐酱等浸渍的蔬果。[4] 暑月：夏月。约相当于农历六月前后小暑、大暑之时。

| 译文 |

海苔，在《本草》里跟紫菜、海藻并载，说三者在治疗肿瘤和郁结之气上的功效是一样的，现在的医家仅仅知道海藻而已。浙江、福建的滩涂在冬天和春天盛产海苔，我们浙江宁波、台州、温州的海苔味道很美，百姓认为这种东西美味胜过腌制的咸菜。有一种淡苔尤其美妙，夏天的时候用它盖在宰杀的牲畜的肉上，能让蜈蚣不得靠前，也是一种奇怪的现象。

泥丁香乾之狀如丁香産閩中海塗陳龍淮海錯贊雖置於其末人以孫山輕吾則以孫山重故採而附之其贊曰形如寶杵銳首豐腹中雜泥沙膏涎噴簇腊名丁香味尤清馥海紅雖美猶其臣僕其槩可知

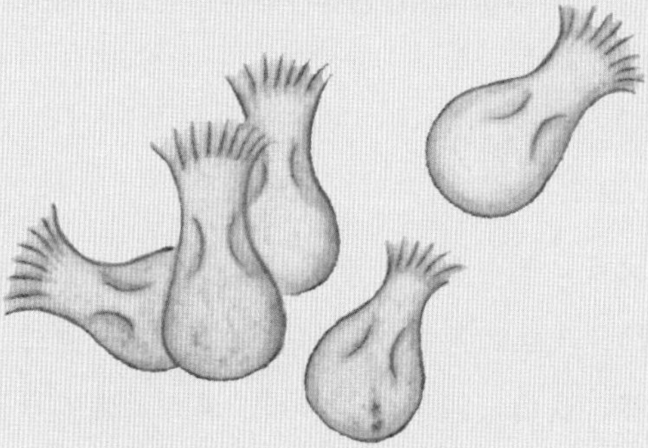

泥丁香贊

一經品題
姓名必揚
龍淮收取
是曰丁香

泥丁香

泥丁香赞：一经品题，姓名必扬。龙淮收取，是曰丁香。

泥丁香，干之状如丁香，产闽中海涂。陈龙淮《海错赞》虽置于其末，人以孙山[1]轻，吾则以孙山重，故采而附之。其赞曰："形如宝杵，锐首丰腹。中杂泥沙，膏涎喷簇。腊名丁香，味尤清馥[2]。海红虽美，犹其臣仆。"其概可知。

[1] 孙山：宋代时吴地人，在一次科举中名列榜尾，于是后人称落榜为"名落孙山"，事见宋代范公偁（chēng）《过庭录》。本文以"孙山"代指排行榜的榜尾。[2] 清馥：清香。

| 译文 |

泥丁香，晾成干的样子像丁香，产于福建地区的滩涂。陈龙淮在《海错赞》里将它排在最末，别人以它名居榜尾而轻视它，我则因为它名列榜尾而重视它，所以摘录原文附于书中。陈龙淮给它写的赞辞说："样子像宝杵，头尖，腹部大。中间夹杂着泥沙，汁液聚集喷涌。晒成干名叫泥丁香，味道尤其清香。海红虽然味美，在它面前只能败下阵来。"它的大概情况由这段赞词可知。

章　鱼

章鱼赞：以须为足，以头为腹。泛滥水面，雀不敢目。

章鱼，产浙闽海涂中。干之，闽人称为“章花”，浙东称为“望潮干”。活时身大如鸡卵而长，八须如足，长尺许，其细孔皆粘吸诸物。尝潜其身于穴，而露其须。蝤蛑[1]大蟹欲垂涎之，章鱼阴[2]以其须吸其脐而食其肉。其余诸虫多为所食。至冬虫蛰，无可食，章鱼乃自食其须，至尽而死。其体有卵如豆芽状，食者取此为美。章既死则诸卵散出泥涂，至正二月又成小章鱼。或曰其卵亦似蝗，九十九子[3]，未验。《闽志》《潮州志》《宁台志》俱载有章鱼。诸类书无。

[1] 蝤蛑（yóu móu）：中药名。为梭子蟹科动物日本蟳或其近缘动物的全体。这里指梭子蟹一类的动物。[2] 阴：不光明地，偷偷地。[3] 九十九子：古人注释《诗经·周南·螽（zhōng）斯》时说：“螽斯，蝗属，一生九十九子。”

｜译文｜

章鱼，产自浙江、福建的滩涂中。将它晾干，福建人称之为“章花”，浙东人称之为“望潮干”。它活着的时候身体像鸡蛋那样大但较之长些，有八根像脚一样的须子，长一尺左右，上面的细孔都能粘连吸附各种东西。我曾见它藏身于洞穴里，故意露出须子。大梭子蟹想要吃它，章鱼却偷偷地用它的须子吸住梭子蟹的脐进而吃了蟹肉。其他各种小生物也多是被它用同样的方法吃了。到了冬天，万物都蛰伏了，没有可吃的，章鱼就吃自己的须子，直到吃光了死掉。它身体里有像豆芽形状的卵，食客将其视为美味。章鱼死后，它的卵散落在泥滩，到了正月、二月间又成了小章鱼。有人说它的卵也像蝗虫，有九十九子，这种说法没有验证过。《闽志》《潮州志》《宁台志》都记载有章鱼。众多的类书里没有记载。

章魚產浙閩海塗中乾之閩人稱為章花浙東稱為望潮乾活時身大如鷄卵而長八鬚如足長尺許其細孔皆粘吸諸物嘗潛其身於穴而露其鬚蝤蛑大蟹欲垂涎之章魚陰以其鬚吸其臍而食其肉其餘諸蟲多為所食至冬蟲蟄無可食章魚乃自食其鬚至盡而死其體有卵如豆芽狀食者取此為美章既死則諸卵散出泥塗至正二月又成小章魚或曰其卵亦似蝗九十九子未驗閩志潮州志寧台志俱載有章魚諸類書無

章魚贊

以鬚為足　以頭為腹

汎濫水面　雀不敢目

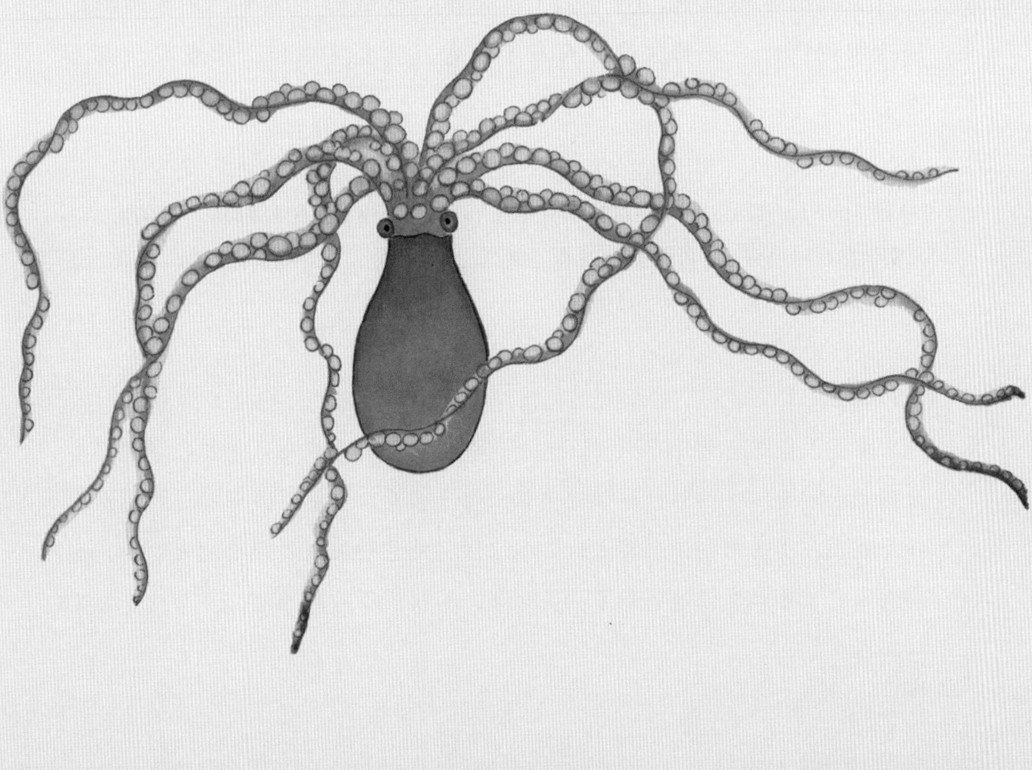

章　巨

章巨赞（一名泥婆）：雌雄有别，鱼蟹虾螺。墨鱼之妻，应是泥婆。

章巨，似章鱼而大，亦名“石巨”。或云即章鱼之老于深泥者。大者头大如匏[1]，重十余斤，足潜泥中径丈。鸟兽限[2]其间，常卷而啖之。海滨农家尝畜母彘[3]，乳小豕一群于海涂间，每日必失去一小豕。农不解。久之，止存一母彘。一日忽闻母彘啼奔而来，拖一物，其大如斗，视之乃章巨也。盖章巨之须有孔，能吸粘诸物难解。小豕力不能胜，皆为彼拖入穴饱啖。母彘则身大力强，章巨仍以故智欲并吞之，孰知反为母彘拖拽出穴。海人惊相传，始知章巨能食豕。

章巨有章巨之种，四月生子入泥涂，秋冬潜于深水，至暖始出，渔者以网得之。此物生风，人多不敢食，食之常生斑，惟服习于海上者食之无害。

[1] 匏（páo）：匏瓜，一年生攀缘草本植物。葫芦的变种（没有亚腰葫芦中间的腰）。果实老熟后对半剖开，可做瓢。[2] 限：疑当为“陷”。“限”字有“阻隔”之义，亦勉强能解。[3] 母彘（zhì）：母猪。

| 译文 |

章巨，像章鱼却比章鱼大，也叫“石巨”。有人说章巨就是在深泥里生长到老的章鱼。大的章巨脑袋像匏瓜，重十多斤。它的足须藏在泥中能形成一个直径一丈的陷阱，鸟兽进入这个陷阱，常常被其用足须卷起来吃掉。海滨有一农家曾经在海滩畜养了一头母猪，不久产下一群小猪，不幸的是每天

必定丢失一只小猪。农夫不明白原因。时间长了，仅剩那头母猪。一天，忽然听到母猪号叫着跑回来，后面拖着一样东西，像斗那么大，一看，是一只章巨。章巨的须子有孔，能吸附粘连各种东西，难以挣脱。小猪的力气不足以对抗章巨，都被它拖入巢穴饱吃了一顿。母猪则身大力强，章巨沿用原来的方法想吞掉它，谁知反被母猪拖拽出巢穴。这条惊人的消息迅速传播开来，人们才知道章巨能吃猪。

章巨有章巨之种，四月产子时进入泥中，秋冬则潜于深水，到天气暖和了才出来，渔民能用渔网捕捉到它。这种东西吃了会生风疾，人们多不敢吃，吃了常长斑，只有习惯了海味的人吃了没事。

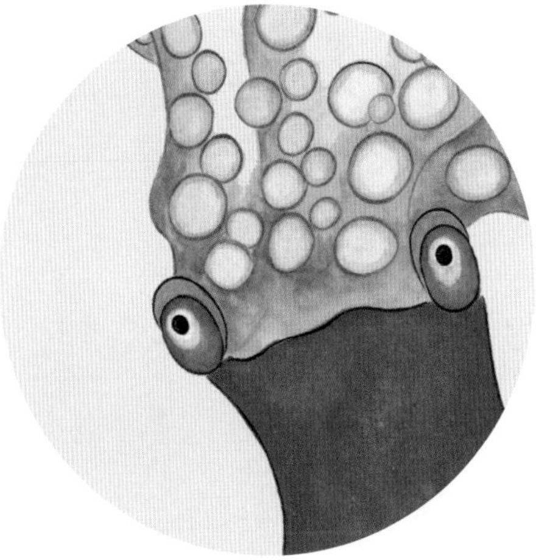

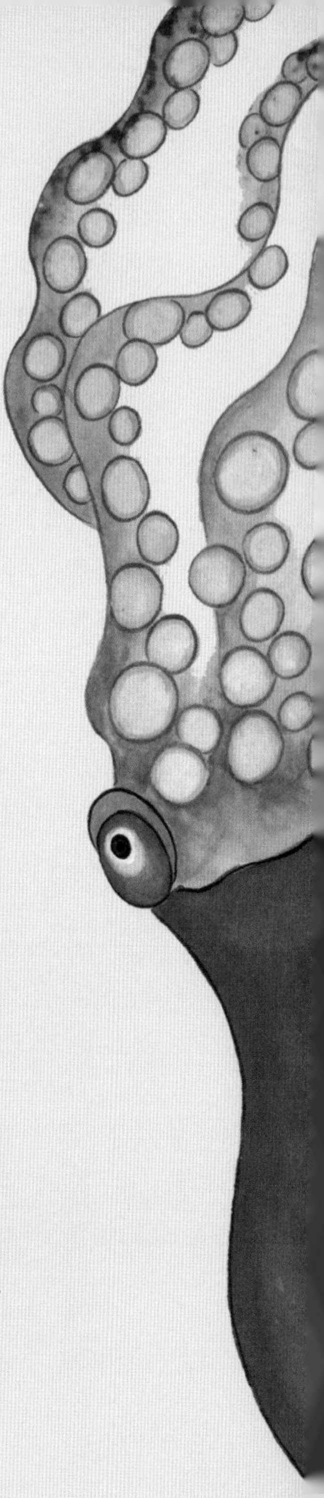

章巨贊 一名泥婆

雌雄有別魚蟹蝦螺
墨魚之妻應是泥婆

章巨似章魚而大亦名石巨或云即章魚之老於深泥者大者頭大如匏重十餘觔足潛泥中徑丈鳥獸限其間常捲而啖之海濱農家嘗畜母彘乳小豕一羣於海塗間每日必失去一小豕農不解久之止存一母彘一日忽聞母彘啼奔而來拖一物其大如斗視之乃章巨也盖章巨之鬚有孔能吸粘諸物難解小豕力不能勝皆為彼拖入穴飽啖母彘則身大力强章巨仍以故智欲并吞之孰知反為母彘拖拽出穴海人驚相傳始知章巨能食豕

章巨有章巨之種四月生子入泥塗秋冬潛於深水至煖始出漁者以網得之此物生風人多不敢食食之常生斑惟服習於海上者食之無害

泥翅約長四五寸吸海塗間翹然而起頭上有一孔似口全體紫黑色根下茸茸之翅若毛如魚腮開花亦作腮腥初取之時軟而不堅若洗去其泥沙而搓揉之則鼓其氣而起食者剔去翅剖去其沙內有骨一條可以為簪同豬肉煮食殊脆美温州稱為沙蒜福建稱為泥翅連江陳龍淮海物賛内載此閩中别有土名

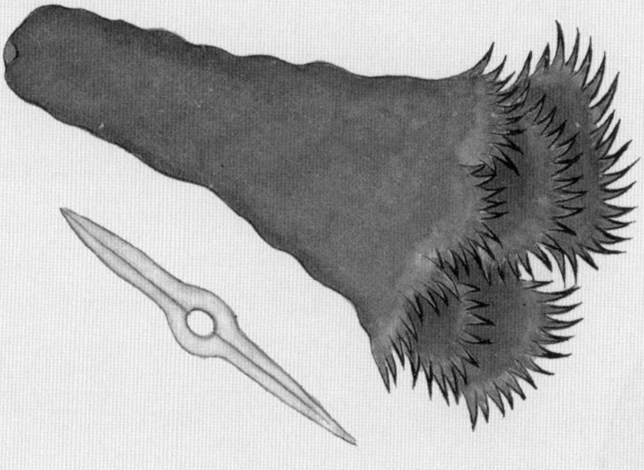

泥翅賛

弱肉吸土

性秉於陽

其中有骨

外柔内剛

泥　翅

泥翅赞：弱肉吸土，性秉于阳。其中有骨，外柔内刚。

泥翅，约长四五寸，吸海涂间，翘然[1]而起。头上有一孔似口。全体紫黑色，根下茸茸之翅若毛，如鱼腮开花，亦作“腮腥”。初取之时，软而不坚，若洗去其泥沙而搓揉之，则鼓其气而起。食者剔去翅，剖去其沙，内有骨一条，可以为簪。同猪肉煮食，殊脆美。温州称为“沙蒜”，福建称为“泥翅”。连江陈龙淮《海物赞》内载此，闽中别有土名。

[1] 翘（qiáo）然：挺直的样子。

｜译文｜

泥翅，大约长四五寸，吸附在滩涂间，挺直生长。头上有一个像嘴一样的孔。整体呈紫黑色，根的下面有毛茸茸的翅，像鱼鳃开花，也叫“腮腥”。刚摘取时，软而不坚挺，如果洗去它的泥沙并搓揉它，就会鼓足气挺立起来。吃的时候剔去它的翅，剖开去除里面的沙子，可发现里面有一根骨头，可以用来做簪子。将它跟猪肉一起煮着吃，特别脆，味道美。温州人称它为“沙蒜”，福建人称它为“泥翅”。连江陈龙淮的《海物赞》里记载了这种东西，在福建地区它另有土名。

泥　肠

泥肠赞：石既有胆，地亦有肺。肠生泥中，类拟生气。

泥肠，亦名“土猪肠”，春月[1]生海水浅泥间。形如猪肠，而中疙疮处散作垂丝，吸水以为活。海人治此者，浸去泥，然后煮烂，加肉汁为美，味清，堪醒酒。

[1] 春月：春季。

| 译文 |

泥肠，也叫“土猪肠”，春天生在海滩浅泥间。它形状像猪的肠子，中间疙瘩处散作垂丝状，凭其伸入水中吸收养分而活。生活在海边的人烹制这种东西，先浸泡去除泥沙，然后煮烂，加上肉汁的话味道更美，它的味道清淡，能醒酒。

泥腸亦名土猪腸春月生海水淺泥間形如猪腸而中疙瘩處散作垂絲吸水以為活海人治此者浸去泥然後煮爛加肉汁為美味清堪醒酒

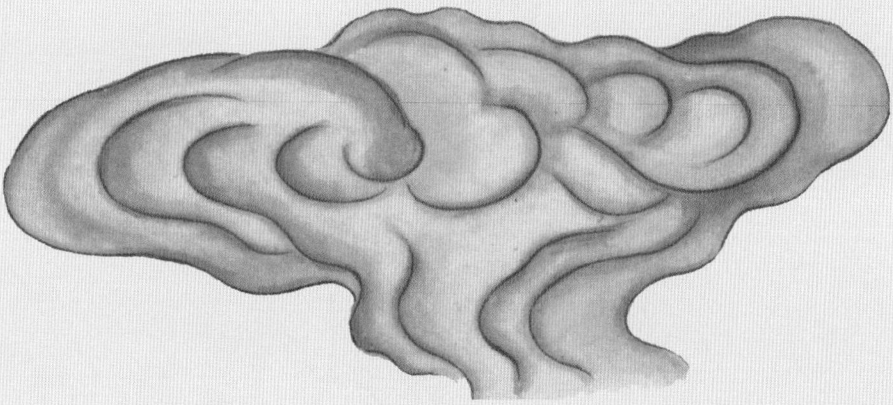

泥腸贊

石既有膽
地亦有肺
腸生泥中
類擬生氣

泥釘如蚓一段而有尾海人冬月掘海塗取之洗去泥復搗敲净白僅存其皮寸切炒食甚脆美臘月細剁和猪肉熬凍最清美而性冷

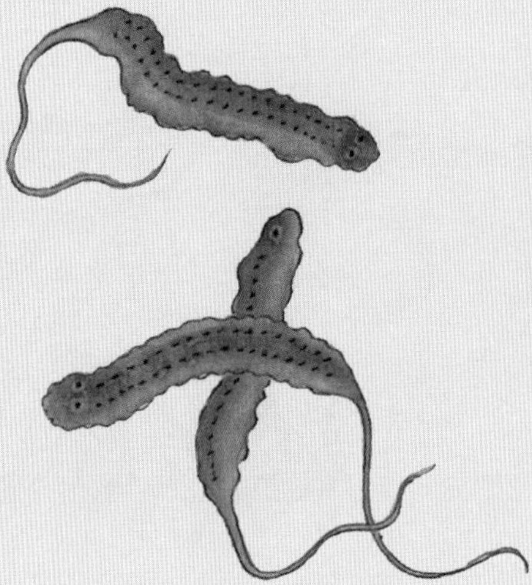

泥釘贊

蠣盤餖飣
魚鮮作筵
釘以泥釘
成水晶宫

泥　钉

泥钉赞：蛎盘饰棂，鱼鳞作篷。钉以泥钉，成水晶宫。

泥钉，如蚓一段而有尾。海人冬月掘海涂取之，洗去泥，复捣敲净白，仅存其皮。寸切炒食，甚脆美。腊月细剁和猪肉熬冻，最清美，而性冷。

| 译文 |

泥钉，像一段蚯蚓但有尾巴。生活在海边的人喜在冬天去滩涂挖掘它，洗去泥沙，再捣得干净洁白，只留着它的皮。切成寸段炒着吃，非常脆，味道鲜美。腊月的时候把它剁得很细和猪肉一起熬冻，最清香味美，但其食性寒凉。

锁　管

锁管赞：身为锁管，须为锁簧。锁管嫌软，锁簧嫌长。

锁管，玉质[1]紫斑，无骨，体长寸余，绕唇八短足四长带。味清美，可为羹，亦可作鲊[2]，有长三四寸者更美。小为“锁管”，大为“柔鱼”，日本剖晒作脯，不着盐而甘美。

[1] 玉质：白色底子。质：质地，底子，东西的本体。[2] 鲊（zhǎ）：参见005页注释[1]。

| 译文 |

锁管，白色底子上有紫色的斑点，没有骨头，身体长一寸多，绕着唇有八只短足和四根长带。它的味道清香鲜美，可以制成羹，也可以制成腌鱼，长三四寸的味道更美。小的叫“锁管”，大的叫“柔鱼”，日本人将它剖开晾晒制成鱼干，不放盐味道就很甘美。

鎖管玉質紫斑無骨體長寸餘繞唇八短足四長帶味清美可為羹亦可作鮓有長三四寸者更美小為鎖管大為柔魚日本剖曬作脯不着鹽而甘美

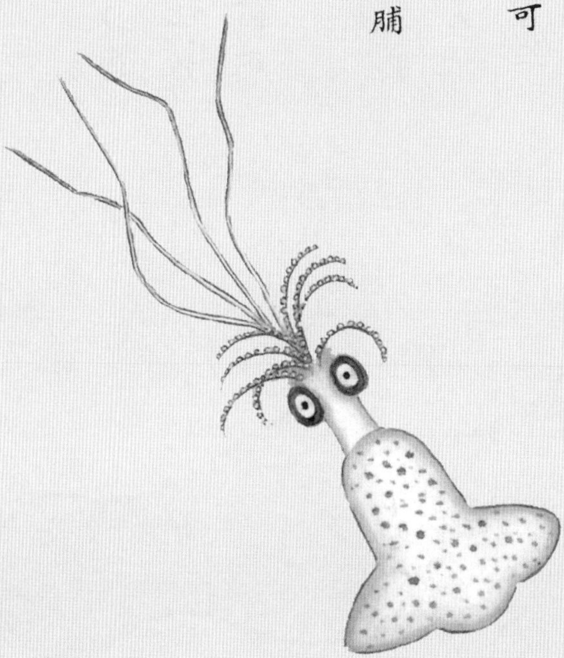

鎖管贊

身為鎖管
鬚為鎖簧
鎖管嫌輭
鎖簧嫌長

土花瓶產海塗泥中深二三尺討海者跡其孔取之此物雖無頭足靈性獨異掏摸將近驟拔可得少緩則縮入泥内不可問矣其形絶似凈瓶長者可五六寸上有小孔似其口也其色粉紅而帶緑頭上亂絲花斑在水摇曳如開巨筆彩毫無水處如腸一段中有小腸有土餘皆膏液如章魚頭中腦也烹食味同土腸

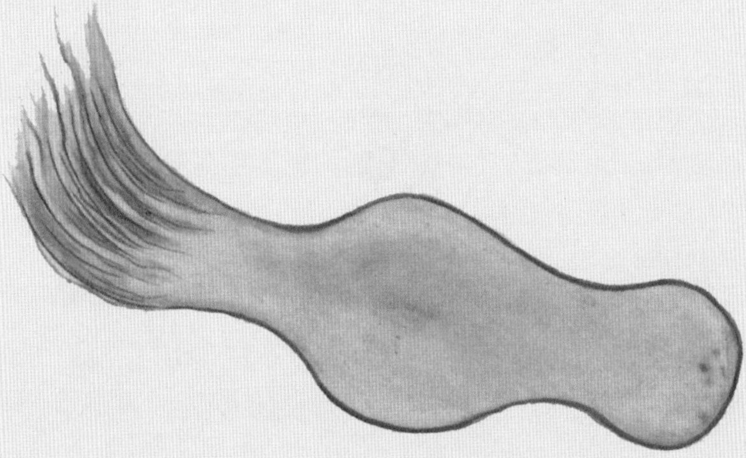

土花瓶賛
南海觀音
不顧修行
楊柳枯焦
抛却凈瓶

土花瓶

土花瓶赞：南海观音，不愿修行。杨柳枯焦，抛却净瓶。

土花瓶，产海涂泥中，深二三尺。讨海者迹[1]其孔取之。此物虽无头足，灵性独异。掏摸[2]将近，骤拔可得，少缓则缩入泥内不可问矣。其形绝似净瓶[3]，长者可五六寸，上有小孔似其口也。其色粉红而带绿，头上乱丝花斑，在水摇曳如开巨笔彩毫，无水处如肠一段。中有小肠，有土，余皆膏液，如章鱼头中脑也。烹食味同土肠。

[1] 迹：追踪。[2] 掏摸：本义是小偷。这里有偷偷的意思。[3] 净瓶：佛教指以陶或金属等制造，用以容水的器具，盛水供饮用或洗濯，又称水瓶或澡瓶。

｜译文｜

土花瓶，产在海边滩涂深达二三尺的泥中。打鱼的人靠追踪它钻入泥里的孔洞来捉它。这种东西虽然没有脑袋和脚，但灵性独异。要偷偷地靠近它，突然拔取才能捉到它，稍微迟缓它就缩到泥里找不到了。它的样子非常像净瓶，长的大约五六寸，上方有小孔像是它的嘴。它浑身粉红，又透着点绿色，头上有乱丝花斑，在水中摇曳时像一支涮开了笔毫的五彩毛笔，在没有水的地方则像一段肠子。它的体内有小肠，里面有泥土，剩下的都是膏液，像章鱼头中的脑子。煮着吃味道跟土肠一样。

石　乳

石乳赞：谁母万物？天一生水。结而成形，孟姜彼美。

石乳，亦名岩乳，然有两种：圆头状如乳者，淡红紫点突起，无壳而软，可食；大柄而碎裂如剪者，虽亦同石乳而名“猪母奶”，亦淡红色，味腥不堪食。皆生海岩洞隙阴湿处。潮汐经过，初生如水泡，久之成一乳形。

| 译文 |

石乳，也叫岩乳，这东西有两种：圆头样子像乳房的，呈淡红色有紫点突起，没有壳，很柔软，可以吃；长条形碎裂得像剪开样子的，虽然同样是石乳，却名叫“猪母奶”，它也呈淡红色，味道腥不能食用。石乳都生在海岩洞隙阴湿的地方。潮汐经过它就形成了，刚开始像水泡一样，时间久了就变成乳房形状。

墨鱼子

墨鱼子赞：非黄非白，未骨未肉。一点真元，先付厥墨。

墨鱼子，散布海岩向阳石畔，累累[1]如贯珠[2]，而皆黑色。排列处，数百行，不可胜计，大都群聚而育之，听受[3]阳曦育出。《本草》谓墨鱼为鷃乌[4]所化。今验有子，鸟化之说，另当有辨。

[1] 累累（léi léi）连续不断的样子，连接成串。[2] 贯珠：成串的珠子。[3] 听受：听从接受。[4] 乌：《海错图》原文此处作“鸟”，据后文改。参见417页注释[1]。

｜译文｜

墨鱼子，散布在海岩向阳的石畔，像一串念珠的样子，只是都是黑色的。排列起来，有几百行，数都数不过来。它们大都聚集成群来繁育后代，任由着阳光育出。《本草》里说墨鱼是鷃乌所变。现在我亲眼看到墨鱼子，关于它是由鸟变化来的说法，另当别论。

墨魚子散布海岩向陽石畔纍纍如
貫珠而皆黑色排列處數百行不可
勝計大都羣聚而育之聽受陽曦育
出本草謂墨魚為鶵鳥所化今驗有
子鳥化之說另當有辨

墨魚子贊
非黃非白
未骨未肉
一點真元
先付厥墨

石乳亦名岩乳然有兩種圓頭狀如乳者淡紅紫點突起無殼而軟可食大柄而碎裂如剪者雖亦同石乳而名猪母奶亦淡紅色味腥不堪食皆生海岩洞隙陰濕處潮汐經過初生如水泡久之成一乳形

石乳贊

誰母萬物
天一生水
結而成形
益姜彼美

荷包蛇其色味同蛇魚無異上有一孔而旁垂四帶形如荷包故名三四月海中始有盖蛇魚溢液而散著者也體同蛇皮易化為水海人就近網得即食之不能遠鬻於市其食法用油一炒即速食遅則化水無有矣

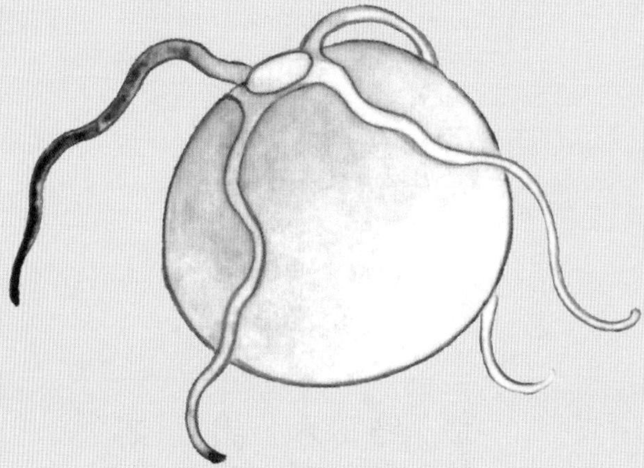

荷包蛇贊

近玩掌上

包如帶如

遠望水中

滄海遺珠

荷包蛇

荷包蛇赞：近玩掌上，包如带如。远望水中，沧海遗珠。

荷包蛇[1]，其色、味同蛇鱼无异。上有一孔而旁垂四带，形如荷包，故名。三四月海中始有。盖蛇鱼溢液而散着者也，体同蛇皮，易化为水。海人就近网得即食之，不能远鬻于市。其食法，用油一炒即速食，迟则化水无有矣。

[1] 蛇：音zhà。

| 译文 |

荷包蛇，它的颜色、味道跟蛇鱼没有差别。它身体上方有一个孔并从旁边垂下四根带子，形状像荷包，所以得此名。这种动物每年三四月才出现在海里。它大概是蛇鱼溢出的液体而分散附着成的，所以它的身体跟蛇鱼皮一样，容易化成水。生活在海边的人用网捉到便就近吃了，不能拿到远处的市场去售卖。它的吃法是，用油一炒就出锅趁热吃，晚了就变成水，什么都没有了。

墨魚在水身白及入網而售於市則其體常黑矣鮮烹性寒不宜人醃乾吳人稱為螟蜅味如鰒魚愚謂然則本草所云益氣壯志非指鮮物也必指螟蜅乾也漢逸是之復曰海外更有一種大者重數觔背有花紋剖而乾之名曰花脂其味香美更勝烏賊予恨不及見不復再為圖論也考類書云烏賊之形似囊傳為秦始皇所遺筭袋於海而變合之荷包蛇而觀之真令人想易象於括囊也予訪之海上見墨魚生子纍纍如貫珠而皆黑奇之又見有小烏賊其形如指並圖之以參論陶隐居鸔烏所化之說以見化生之中又有卵生也

墨魚贊

一肚好墨真大國香
可惜無用送海龍王

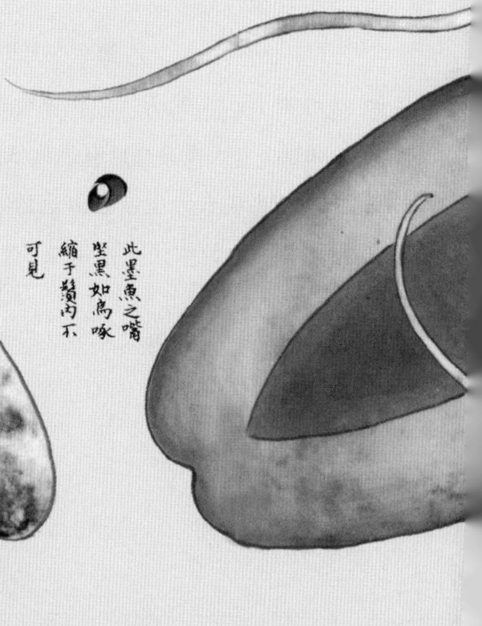

此墨魚之嘴堅黑如烏喙縮于鬚內不可見

此墨魚背骨即海螵蛸是也

小墨魚名墨斗

墨魚土名也閩志稱烏鰂字彙亦作鰞鰂浙東及閩廣皆產本草獨稱雷州烏賊魚何其隘也稱其肉能益氣強志骨末和蜜療人目中翳云性嗜烏每浮水上偽死烏啄其鬚反捲而入水以噉言為烏之賊也陶隱居云此是鸔烏所化今其口角尚存相似予故圖存其喙及骨以俟辨者南越志稱烏賊有碇遇風便虬前虬下碇今兩長鬚果如纜繩·詢之漁人僉曰風波急果皆以鬚粘於石上張漢逸曰繞唇肉帶八小條似足非足似髯非髯並有細孔能吸粘諸物口藏鬚中類烏喙甚堅脊骨如梭而輕每多飄散海上故名海螵蛸腹藏墨烟遇大魚及網罟則噴墨以自匿魚欲食者每為墨烟所迷漁人反因其墨而蹤跡得之及入網猶噴墨不止冀以倖脫故

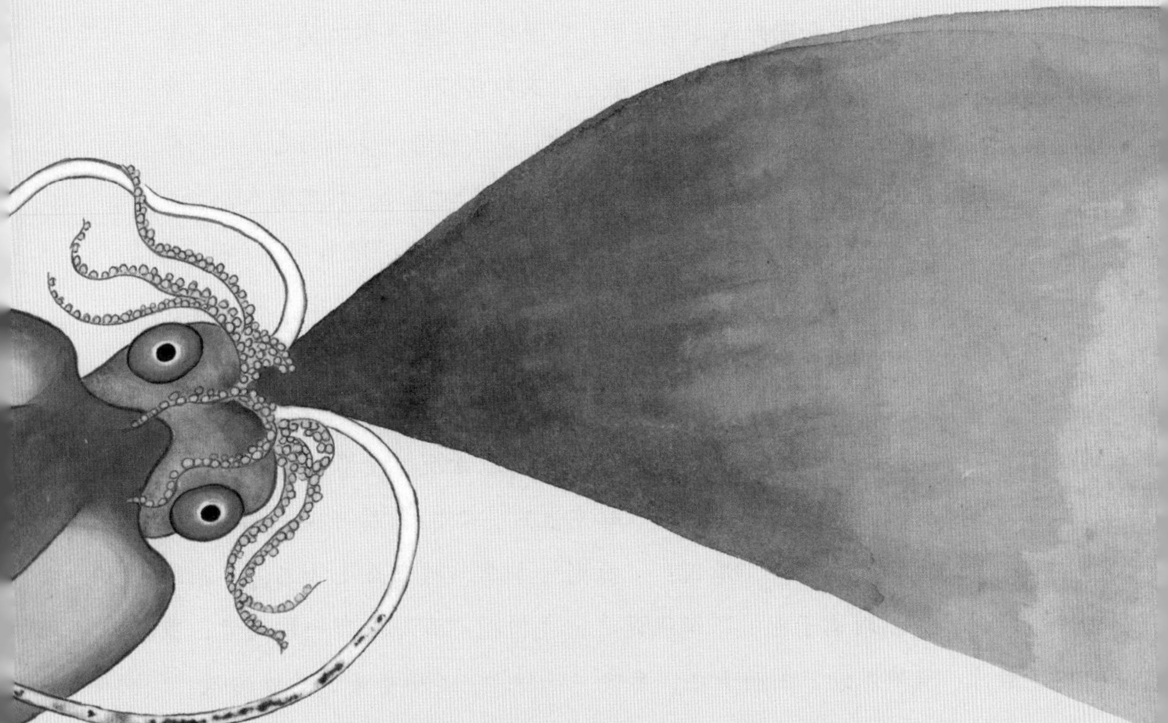

墨　鱼

墨鱼赞：一肚好墨，真大国香。可惜无用，送海龙王。

图注：此墨鱼之嘴，坚黑如乌啄，缩于须内不可见。

此墨鱼背骨，即海螵蛸是也。

小墨鱼名墨斗。

墨鱼，土名也。《闽志》称“乌鲗”，《字汇》亦作“鰞鲗”。浙东及闽广皆产，《本草》独称雷州乌贼鱼，何其隘也！称其肉能益气强志[1]，骨末和蜜疗人目中翳[2]。云性嗜乌，每浮水上伪死，乌啄其须，反卷而入水以啖，言为乌之贼也。陶隐居云：“此是鸔乌所化。今其口角尚存相似。”予故图存其喙及骨，以俟辨者。《南越志》称乌贼有碇[3]，遇风便虬，前虬下碇[4]。今两长须果如缆绳，询之渔人，佥[5]曰：“风波急，果皆以须粘于石上。”张汉逸曰：“绕唇肉带八小条，似足非足，似髯非髯，并有细孔，能吸粘诸物。口藏须中，类乌喙，甚坚。脊骨如梭而轻，每多飘散海上，故名‘海螵蛸[6]’。腹藏墨烟，遇大鱼及网罟则喷墨以自匿。鱼欲食者，每为墨烟所迷，渔人反因其墨而踪迹得之。及入网犹喷墨不止，冀以幸脱。故墨鱼在水身白，及入网而售于市则其体常黑矣。鲜烹性寒，不宜人。腌干吴人称为‘螟蜅[7]’，味如鳆鱼。”愚谓：“然则《本草》所云益气壮志，非指鲜物也，必指螟蜅干也。”汉逸是之，复曰：“海外更有一种大者，重数斤，背有花纹。剖而干之，名曰‘花脂’，其味香美，更胜乌贼。”予恨[8]不及见，不复再为图论也。考类书，云乌贼之形似囊，传为秦始皇所遗筭[9]袋于海而变。合之荷包蛇而观之，真令人想《易》象于括囊[10]也。予访之海上，见墨鱼生子累累如贯珠而皆黑，奇之。又见有小乌贼，其形如指，并图之，以参论陶隐居鸔乌所化之说，以见化生[11]之中又有卵生也。

[1] 益气强志：补充气血，增强记忆力。[2] 翳（yì）：白翳，眼球上生的障蔽视线的白膜，类似于现代说的白内障。[3] 碇（dìng）：系船的石礅。[4] 前虬下碇：指乌贼能收缩前面的须子，像船只下锚一样。《埤雅》卷二："盖此鱼每遇大风，远岸则虬前一须为碇，近岸则黏前一须为缆。"虬：蜷曲。[5] 佥（qiān）：都。[6] 螵蛸：音piāo xiāo。[7] 螟蛹（fǔ）：墨鱼鲞。[8] 恨：遗憾。[9] 筭（suàn）：计算用的筹码。[10] 括囊：结扎袋口。《易经·坤》六四爻爻辞："括囊，无咎无誉。"[11] 化生：变化生成。本书中所提到的各种化生现象基本都是古人因科学不发达而得出的错误结论或古代志怪小说里的虚构情节。

| 译文 |

墨鱼，是这种动物的土名。《闽志》里称它为"乌鲗"，《字汇》也写成"鰞鲗"。浙东及福建、两广都出产，《本草》里只介绍了雷州乌贼，多么狭隘啊！书里说它的肉能补充气血、增强记忆力，它骨头的粉末与蜂蜜调和能治疗人眼睛中遮蔽视线的白膜。据说墨鱼生性爱吃乌鸦，总浮在水上装死，乌鸦来啄它的须子，它反将乌鸦卷入水里吃掉，这就是说它是乌鸦的克星。陶隐居说："这种鱼是鸔乌变的。现在它的口角尚存留着相似之处。"我特地画了它的嘴和骨头，以待有识之士来检验辨别。《南越志》里说乌贼体内有船碇一样的器官，它遇到风就蜷曲，前面的须子蜷曲，如船只下锚。现在可以看到它的两条长须果然像缆绳一样，向渔夫询问，都说："风波急的时候，乌贼确实是用须子粘在石头上。"张汉逸说："它绕唇的肉带八条长须，像脚又不是脚，像胡须又不是胡须，上面还有细孔，能吸粘各种东西。它的口藏在须中，像乌鸦嘴，非常硬。它的脊骨像梭子但比梭子轻，总飘散在海上，所以名叫'海螵蛸'。它肚子里藏着墨烟，遇到大鱼和渔网就喷墨把自己掩藏起来。它的天敌常被墨烟所迷，渔夫反而能利用它的墨烟追踪它的去向进而捉住它。

它进入渔网还喷墨不止，希望能以此侥幸逃脱。所以墨鱼在水里的时候身体是白色的，等进入网中至市面出售时它的身体常常是黑色的。新鲜的墨鱼性寒，吃了对人的身体不好。腌干的乌贼鱼被吴地人称为‘螟蛹’，味道像鳆鱼。”我说：“既然这样，那么《本草》里所说的墨鱼能补充气血、增强记忆力，应该不是指新鲜的乌贼，是指乌贼干。”张汉逸赞同这种观点，还说：“海外有一种更大的乌贼，重好几斤，背上有花纹。剖开晾干，名叫‘花脂’，它的味道香美，胜过普通乌贼。”我遗憾没机会见到，没法画出图来探讨评价。考查类书，里面说乌贼的形状像口袋，传说是秦始皇在海上遗失的装筹码的袋子变成的。把它跟荷包蛇放在一起看，真让人把它们的形象想象成《易经》中《坤》卦爻辞里描写的扎上嘴的口袋。我去海上寻访这种鱼，见到墨鱼产的卵像一串串珍珠，但都是黑色的，非常奇怪。又见到小乌贼，形状像手指大小，一并都画了下来，以参论陶隐居关于墨鱼是鶨乌所变的说法是否正确。可见，化生的生物中还有卵生的。

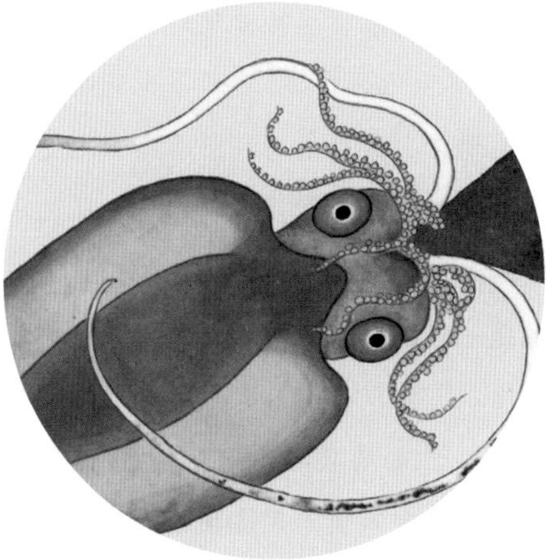

蛇 鱼

蛇鱼赞：水母目虾，暂有所假。志在青云，但看羽化。

蛇鱼，吴俗称为“海蜇”，越人呼为“蛇鱼”，亦作“鲊[1]鱼”，以其聂[2]而切之也。又名“樗蒲鱼”。《字说》云：形如羊胃，浮水，以虾为目，故亦名“虾蛇”。《尔雅翼》曰：“蛇，生东海，正白，濛濛如沫，又如凝血。生气物也，有知识，无腹脏。[3]”予客瓯[4]之永嘉，每见渔人每于八月捕蛇，生时白皮如晶盘[5]，头亦肥大，甚重。贾人以矾浸[6]之则薄瘦，始鬻。闻此物无种类，绿水沫所结。然闽中诸鱼俱由南而入东北，惟蛇鱼则自东北而入南。秋冬时东北风多，则网不虚举。然亦有候[7]，或一年盛，或一年衰，大约雨多而寒则繁生。予客闽，有网鲜蛇者，剖其头花，中有肠胃血膜。多鬻之市，以醋汤煮之，甚可口。多时亦晒干，其脏可以久藏，配肉煮亦美。《尔雅翼》云“无腹脏”，误矣。《岭表录》谓“水母目虾”，水母即蛇鱼也。称其有足无口眼，大如覆帽，腹下有物如絮，常有数十虾食其腹下涎，人或捕之即沉，乃虾有所见。《尔雅》所谓“水母以虾为目”者也。食腹下涎，故当在其旁，益足验渔人之言为不诬。《汇苑》不识水母线即聂切之蛇鱼也，而曰：“澄烂挺质[8]，凝沫成形。”谬甚矣！蛇以虾为目，诸类书皆载，即内典[9]《楞严经》亦有其说，以是淹雅[10]之士莫不咸知。然未获睹其生状，终不能无疑。夫以虾为目，见典籍者尚不能无疑，今闽海更有蛇鱼化鸥之异，人益难信。乃予取海错中诸物之能变者证之，如枫叶化鱼，已等腐草之为萤，若虎鲨化虎，鹿鱼化鹿，黄雀化鱼，乌贼化乌，石首化凫，原有变化之理，合之蝗之为虾，螺之为蟹，则信乎蛇能变鸥，不独雉蜃雀蛤之征于《月令》[11]者而已，予故以蛇终蜾虫[12]，而以鸥始羽虫云。

[1] 鲊：做海蜇别名时读zhà。[2] 聂（zhé）：通“牒（zhé）”，将肉切成薄片，一般指制作成脍的方法、步骤。如《礼记·少仪》：“聂而切之为脍”。《海错图》作者认为，它的制作过程有“聂（zhé）”，其名中的“蛰”“蛇”“鲊”都是谐音而得。[3] 这段引文与《尔雅翼》原文略有出入，《尔雅翼》原文作：“蛇，生东海，正白，濛濛如沫，又如凝血。从（纵）广数尺方圆，生气物也，有智识，无腹藏（脏）。”[4] 瓯：浙江温州的别称。[5] 晶盘：月亮。[6] 浸：渗透。这里指撒上矾使水分渗出。[7] 候：在变化中呈现的某种情状或程度。[8] 挺质：生就的美质。[9] 内典：佛教经典。[10] 淹雅：渊博。[11] 雉蜃雀蛤之征于《月令》：《礼记·月令》里说：“季秋之月……爵（雀）入大水为蛤。”“孟冬之月……雉入大水为蜃。”[12] 蜾虫：应为“裸虫”或“臝虫”。

| 译文 |

蛇鱼，吴地俗称它为“海蜇”，越地人称它为“蛇鱼”，也写作“鲊鱼”，因为它需要切成薄片食用。这种鱼又叫“樗蒲鱼”。《字说》里说：它形状像羊胃，浮在水上，以虾为眼睛，所以也叫“虾蛇”。《尔雅翼》里说：“蛇鱼，生在东海，正白色，空蒙如泡沫一般，又像血液凝结。这是种吸天地精气孕育而成的东西，略有智力，但没有内脏。”我客居温州永嘉，总能见到渔夫常在八月捕捉蛇鱼，它活着的时候白色的皮像月亮一样光亮，头也肥大，非常重。商人洒上矾使水分渗出来，就变薄变瘦了，然后才拿去出售。听说这种东西不属于任何物种，是绿水沫凝结而成。福建的各种鱼都是从南方进入东北，只有蛇鱼是自东北而进入南方。秋冬时节东北风多，此时捕捞蛇鱼，渔网不会白白撒出，必然有所收获。然而每年情况也不一样，某一年多，某一年少，基本上雨多而天寒则繁生得多。我客居福建，有人用网捉到了活的蛇鱼，剖开它的头花，里面有肠胃血膜。这东西多被卖到市场上，用醋汤煮了，非常可口。捕获多的时候也可以晒干保存，它的内脏可以久藏，配肉煮着食用味道也很美。《尔雅翼》里说它腹中没有内脏，大错特错了。《岭表录》里说水母用虾做眼睛，水母就是蛇鱼。说它有脚，没有口和眼睛，大小像帽子，腹部下面有像棉絮一样的东西，常有几十只虾吃它肚子下面的黏液，有人捕捉，它就沉入水中，这是因为虾替它看见了。这就是《尔雅》里所说的“水母用虾做眼睛”。虾吃它腹部下的黏液，所以应该在它的旁边，这更足以验证渔夫的话没错。《汇苑》一书不了解“水母线”就是切成细片的蛇鱼，反而说：“透明光亮生就的美质，凝结泡沫而成形。”错得非常荒谬！蛇鱼用虾做眼睛，各部类书里都有记载，佛教经典《楞严经》里也有关于它的说法，因此渊博之士没有不知道的。然而没有机会看到它活着的样子，终究心存疑惑。以虾为目的说法，熟读典籍的人尚且没有打消疑问，现在福建海域更有蛇鱼变成海鸥的怪异说法，人们就更难相信了。于是我取海物中各种能变化的东西来验证，如枫叶变成鱼，跟腐草变成萤火虫一样为人所熟知，像虎鲨变成老虎，鹿鱼变成鹿，黄雀变成鱼，乌贼变成乌鸦，石首鱼变成野鸭，原有变化之理。加上蝗虫变成虾、海螺变成蟹的说法，则蛇鱼能变成海鸥也变得可信，万物之间的这种变化不单单是出现在《月令》里的雉变成蜃、雀变成蛤等征兆。因此，我以蛇鱼作为裸虫的终结，以海鸥作为羽虫的开始。

蛇魚吳俗稱為海蜇越人呼為蛇魚亦作鮓魚以其聶而切之也又名樗蒲魚字說云形如羊胃浮水以蝦為目故亦名蝦蛇爾雅翼曰蛇生東海正白濛濛如沫又如凝血生氣物也有知識無腹臟予客甌之永嘉每見漁人每於八月捕蛇生時白皮如晶盤頭亦肥大甚重賈人以礬浸之則薄瘦始驚聞此物無種類緑水沫所結然閩中諸魚俱由南而入東北惟蛇魚則自東北而入南秋冬時東北風多則綱不虛舉然亦有候或一年盛或一年衰大約雨多而寒則繁生予客閩有綱鮮蛇者剖其頭花中有腸胃血膜多鬻之市以醋湯煮之甚可口多時亦晒乾其臟可以久藏配肉煮亦美爾雅翼云無腹臟悞矣嶺表録謂水母目蝦水母即蛇魚也稱其有足無口眼大如覆帽腹下有物如絮常有數十蝦食其腹下涎人或捕之即沉乃蝦有所見爾雅所謂水母以蝦為目者也食腹下涎故常在其旁益足驗漁人之言為不誣彙苑不識水母線即聶切之蛇魚也而曰澄爛挺質凝沫成形謬甚矣蛇以蝦為目諸類書皆載即內典楞嚴經亦有其說以是淹雅之士莫不咸知然未獲覩其生狀終不能無疑夫以蝦為目見典籍者尚不能無疑今閩海更有蛇魚化鷗之異人益難信乃予取海錯中諸物之能變者証之如楓葉化魚巳等腐草之為螢若虎鯊化虎鹿魚化鹿黃雀化魚烏賊化烏石首化鳧原有變化之理合之蝗之為蝦螺之為蝌則信乎蛇能變鷗不獨雉蜃雀蛤之徵於月令者而已予故以蛇終螺虫而以鷗始羽虫云

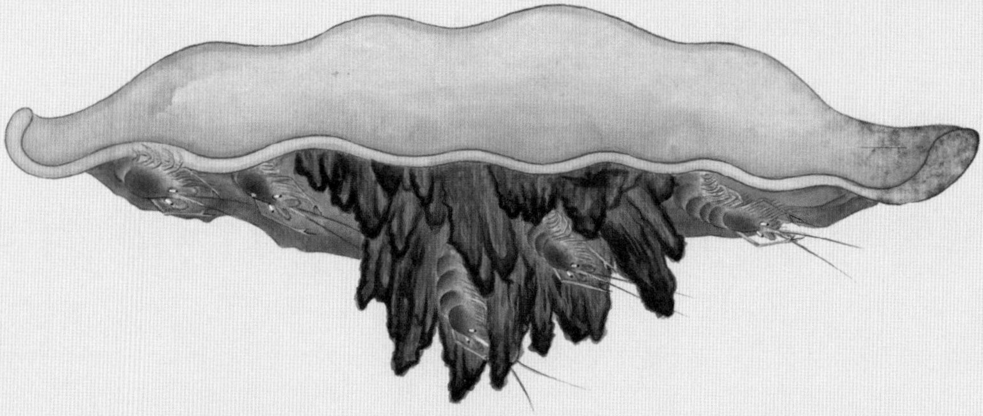

蛇魚贊

水母目蝦
暫有所假
志在青雲
但看羽化

金盏银台

金盏银台赞：王母龙婆，大会蓬莱。麻姑进酒，金盏银台。

蛇鱼闻自四月八日有大雨则繁生海中。每雨一点作一水泡，即为蛇之种子。余日以后，虽生而不繁，且闻多不成形。或有红头而无白皮，或如荷包蛇之类，皆不能长养[1]者也。蛇之初生形全者，瓯人干之以配肉煮，甚薄脆而美，名曰“金盏银台”。

[1] 长养：长大，生成。

| 译文 |

听说蛇鱼从四月八日下大雨开始就在海中繁殖滋生。每下一滴雨形成一个水泡，这就是蛇鱼的种子。其他日子，虽然生长但不繁盛，而且听说多不成形。或者有红头而没有白皮，或者像荷包蛇之类的，都是不能长大的。蛇鱼刚长成完整形状，温州人就把它晾干配肉烹煮，非常薄脆而味美，名叫“金盏银台”。

金盞銀臺贊
王母龍婆
大會蓬萊
麻姑進酒
金盞銀臺

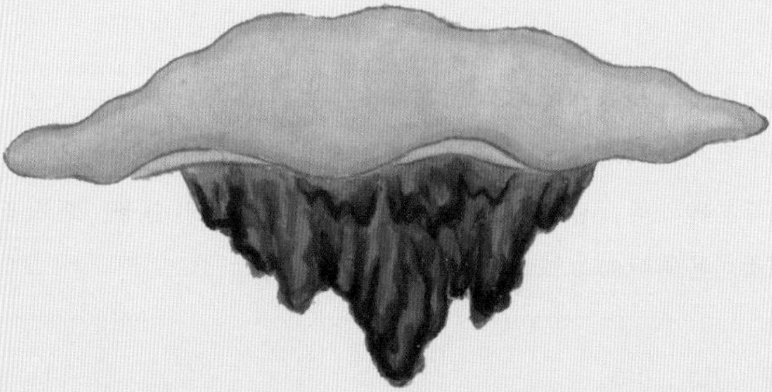

蛇魚聞自四月八日有大雨則繁生海中每雨一點作一水泡即為蛇之種子餘日以後雖生而不繁且聞多不成形或有紅頭而無白皮或如荷包蛇之類皆不能長養者也蛇之初生形全者醃人乾之以配肉煮甚薄脆而美名曰金盞銀臺